高强导电镍黄铜合金

High Strength Conductive Nickel-brass Alloy

周小中　苏玉长　著

化学工业出版社

·北京·

内容简介

本书围绕含 Al 镍黄铜（Cu-Ni-Zn-Al）系高强导电弹性材料，系统阐述了含 Al 镍黄铜合金的组织结构及性能、固溶-时效强化、固溶-冷轧-时效强化与再结晶、时效析出动力学、耐腐蚀性能等相关方面的知识。

本书可供从事合金材料研究、生产和应用的各类技术和研究人员参考。

图书在版编目（CIP）数据

高强导电镍黄铜合金/周小中，苏玉长著. —北京：化学
工业出版社，2022.3
ISBN 978-7-122-40548-7

Ⅰ.①高… Ⅱ.①周…②苏… Ⅲ.①镍合金-铜合金-导电
材料 Ⅳ.①TM241

中国版本图书馆 CIP 数据核字（2022）第 000177 号

责任编辑：赵卫娟	文字编辑：胡艺艺　王文莉	
责任校对：宋　夏	装帧设计：刘丽华	

出版发行：化学工业出版社（北京市东城区青年湖南街 13 号　邮政编码 100011）
印　　装：北京天宇星印刷厂
710mm×1000mm　1/16　印张 11　字数 198 千字
2022 年 4 月北京第 1 版第 1 次印刷

购书咨询：010-64518888　　　　　　售后服务：010-64518899
网　　址：http://www.cip.com.cn
凡购买本书，如有缺损质量问题，本社销售中心负责调换。

定　　价：88.00 元　　　　　　　　　　　　版权所有　违者必究

铜基高强导电弹性合金在仪器仪表、弹性元件、导电热元件等领域得到广泛应用。开发新型的高强导电弹性铜合金，是铜基高强弹性合金很有潜力的发展方向，具有重要的科学意义和实用价值。Cu-Ni 合金具有较高的弹性、良好的成型性、优良的导电性及耐蚀性、简单的生产工艺等特点，Cu-Zn 合金具有高强、耐磨、耐蚀、高导热、低成本的特点，Cu-Al 合金具有高强、耐磨、耐蚀的优点，Cu-Ni-Zn 合金具有优良的耐磨性、钎焊性和抗应力腐蚀能力，所有这些优点都是其他金属材料不能代替的。结合以上优点开发的 Cu-Ni-Zn-Al（含 Al 镍黄铜）是一种新型高强导电弹性铜合金，其开发利用可推动高强导电弹性铜合金的新发展，具有重要意义。

西北师范大学周小中教授和中南大学苏玉长教授以 Cu-Ni-Zn 三元合金为基础，开发了一种新型的 Cu-Ni-Zn-Al 系高强导电弹性铜合金，并系统研究了 Al 元素对镍黄铜（Cu-Ni-Zn）合金组织结构和性能的影响规律和机理。本书的编写目的是提高读者对铜基高强导电弹性合金，尤其是新型的 Cu-Ni-Zn-Al 系高强导电弹性铜合金的系统认识，使读者了解高强导电弹性铜合金的设计策略和研究进展，为高性能铜合金的研究、开发和应用提供理论和技术支持。

本书共 6 章：第 1 章概述高强导电弹性铜合金概况及铜合金强化方法，第 2 章系统阐述制备过程中不同状态下镍黄铜合金的组织结构与性能，第 3 章分析了含 Al 镍黄铜合金固溶-时效过程中的析出行为，第 4 章阐述了含 Al 镍黄铜合金固溶-冷轧-时效强化与再结晶行为，第 5 章对含 Al 镍黄铜合金时效析出动力学进行了较为深入的分析，第 6 章着重介绍了含 Al 镍黄铜合金的耐腐蚀性能。

由于水平有限，书中难免存在不足，敬请广大读者批评指正。

著者

2021 年 10 月

目 录

001/ 第 1 章
概论

1.1 引言 ……………………………………………………… 001

1.2 高强导电弹性铜合金 ……………………………………… 003

1.2.1 导电弹性铜合金的应用及性能要求 …………………… 003

1.2.2 高强度导电弹性铜合金的研究和发展 ………………… 006

1.3 铜合金的强化方法 ………………………………………… 022

1.3.1 形变强化 ………………………………………………… 022

1.3.2 固溶强化 ………………………………………………… 023

1.3.3 细晶强化 ………………………………………………… 025

1.3.4 第二相强化 ……………………………………………… 026

1.4 高强导电弹性铜合金的设计 ……………………………… 029

034/ 第 2 章
含 Al 镍黄铜合金的组织结构及性能

2.1 引言 ……………………………………………………… 034

2.2 Cu-Ni-Zn-Al 合金成分设计及制备过程 ………………… 034

2.2.1 合金成分设计 …………………………………………… 035

2.2.2 合金的制备过程 ………………………………………… 035

2.3 Cu-Ni-Zn-Al 合金的铸态组织结构及性能 ……………… 036

2.3.1 铸态金相组织 …………………………………………… 036

2.3.2 合金中相组成 …………………………………………… 038

2.3.3 硬度变化规律 …………………………………………… 039

2.4 Cu-Ni-Zn-Al 合金均匀化状态的组织结构及性能 ……… 040

2.4.1 均匀化状态下的金相组织 ……………………………… 040

2.4.2 　均匀化动力学分析 ……………………………………………… 043

2.5　Cu-Ni-Zn-Al 合金热轧态的组织结构与性能 …………………… 045

2.5.1 　金相组织观察 ………………………………………………… 045

2.5.2 　合金中相组成表征 …………………………………………… 047

2.5.3 　硬度变化规律 ………………………………………………… 048

2.6　Cu-Ni-Zn-Al 合金固溶-冷轧态的组织结构与性能 …………… 049

2.6.1 　合金固溶状态下的组织结构与性能 ………………………… 049

2.6.2 　合金的冷轧态组织结构与性能 ……………………………… 050

第 3 章　　/053

含 Al 镍黄铜合金的固溶-时效强化

3.1　引言 ……………………………………………………………… 053

3.2　Cu-Ni-Zn-Al 合金固溶-时效时的性能 …………………………… 053

3.2.1 　Cu-Ni-Zn-Al 合金固溶-时效时的力学性能 ………………… 053

3.2.2 　Cu-Ni-Zn-Al 合金固溶-时效时的电导率 …………………… 057

3.3　Cu-Ni-Zn-Al 合金固溶-时效过程中的组织结构 ……………… 058

3.3.1 　合金中相组成表征 …………………………………………… 059

3.3.2 　金相组织 ……………………………………………………… 068

3.3.3 　扫描电子显微结构 …………………………………………… 076

3.3.4 　透射电子显微结构 …………………………………………… 081

3.4　固溶-时效强化机制 ……………………………………………… 089

3.4.1 　合金的时效析出机理 ………………………………………… 089

3.4.2 　Cu-Ni-Zn-Al 合金时效析出强化机理 ……………………… 091

3.4.3 　Cu-Ni-Zn-Al 合金固溶-时效时强化机理 ………………… 092

3.4.4 　Cu-Ni-Zn-Al 合金固溶-时效时电导率变化机制 …………… 094

第 4 章　　/097

含 Al 镍黄铜合金的固溶-冷轧-时效强化与再结晶

4.1　引言 ……………………………………………………………… 097

4.2　Cu-Ni-Zn-Al 合金在固溶-冷轧-时效时的性能 ………………… 098

4.2.1 　合金在固溶-冷轧-时效时的硬度 …………………………… 098

4.2.2 　Cu-Ni-Zn-Al 合金固溶-形变-时效时的电导率 …………… 102

4.2.3 　Cu-Ni-Zn-Al 合金固溶-形变-时效时的拉伸力学性能 …… 103

4.3　Cu-Ni-Zn-Al 合金固溶-冷轧-时效时的组织结构 …………… 106

4.3.1 　合金中相组成表征 …………………………………………… 106

4.3.2　金相组织 ··· 111

4.3.3　拉伸断口扫描电子显微结构 ································· 117

4.3.4　透射电子显微结构 ··· 120

4.4　固溶-冷轧-时效的强化机制 ····································· 121

4.4.1　Cu-Ni-Zn-Al 冷轧合金时效析出与再结晶的交互作用 ····· 121

4.4.2　Cu-Ni-Zn-Al 合金固溶-冷轧-时效时力学性能强化机制 ····· 125

4.4.3　Cu-Ni-Zn-Al 合金固溶-冷轧-时效时电导率强化机制 ······· 126

128/ 第 5 章
含 Al 镍黄铜合金时效析出动力学

5.1　引言 ··· 128

5.2　电阻法研究合金时效动力学的原理 ···························· 128

5.3　Cu-Ni-Zn-Al 合金固溶-时效析出动力学研究 ················ 130

5.4　Cu-Ni-Zn-Al 合金冷轧-时效动力学行为 ····················· 133

136/ 第 6 章
含 Al 镍黄铜合金耐腐蚀性能

6.1　引言 ··· 136

6.2　Cu-Ni-Zn-Al 合金在 3.5％NaCl 水溶液中的电化学腐蚀行为 ···· 137

6.2.1　Cu-Ni-Zn-Al 合金的交流阻抗图谱 ························ 137

6.2.2　Cu-Ni-Zn-Al 合金腐蚀产物组成及形貌分析 ·············· 142

6.3　耐腐蚀机理 ·· 147

参考文献 ··· 150

附录 ··· 162

第1章
概　论

1.1　引言

　　铜，化学符号 Cu，英文 copper，原子序数 29。纯铜呈紫红色，也称为紫铜；纯铜的硬度较低，延展性好，导电性和导热性高，是电缆、电气、电子元件中最常用的材料之一。铜可以与锌（Zn）、镍（Ni）、锡（Sn）等元素组成多种合金，主要有黄铜、白铜和青铜三大类。黄铜是以锌为主要添加元素的铜合金，具有美观的黄色，故称为黄铜。在黄铜中，锌含量低于 36％（质量分数）时，合金主要由固溶体组成（图 1-1），具有良好的冷加工性能。白铜则是以镍为主要添加元素的铜合金，具有良好的力学性能和耐腐蚀性能。青铜，原指铜锡合金，现为除黄铜、白铜以外铜合金的统称，并在青铜名字前加上第一主要添加元素进行命名。如：锡青铜，是以锡（Sn）为主要添加元素的铜合金，具有良好的铸造性能、减摩性能和力学性能；铝青铜，是以铝（Al）为主要添加元素的铜合金，具有强度高、耐磨性和耐腐蚀性好的特点。

　　随着科学技术的发展，铜及铜合金所具有的独特品质和特性逐步为人们所了解和掌握，并广泛应用于国民经济的各个领域。根据功能的不同，铜合金可以分为导电导热用铜合金、结构用铜合金、耐蚀铜合金、耐磨铜合金、易切削铜合金、弹性铜合金、阻尼铜合金、艺术铜合金等。其中，具有高导电性和高导热性的高强度铜合金主要有非合金化铜合金和微合金化铜合金，常应用于电机整流子、电气化铁路架空接触线、电子通信电气元件、集成电路引线框架和电真空器件等；具有高强度和高弹性的铜合金，如铝青铜、锑青铜、铍青铜、钛青铜等，主要用于制造各种载流体弹性元件、精密仪表弹性元件、各类继电器用导电弹簧、接触弹簧、各类插

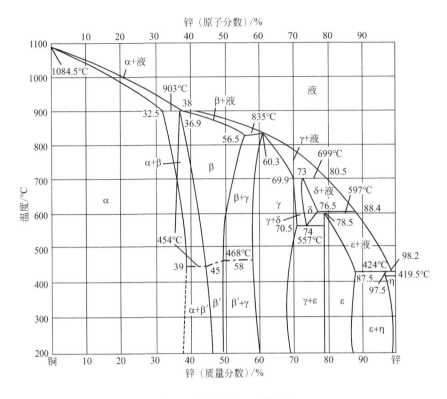

图 1-1　铜锌合金二元相图

拔件、膜片、弹簧管等，广泛应用于机械、航空、航天和核工业领域中的自动化检测、仪器仪表及电子计算机和微电子技术等方面；高导热、高耐蚀性的铜合金管材，如空调管材、冷凝管材等，用于建筑工业、汽车工业、火电站、核电站、大型船舶等工业上；高强度、耐磨、耐蚀的铜合金，常用于汽车同步器齿环等耐磨零件。

在国民经济和科技发展的推动下，特别是为满足电子、通信、交通、航天、能源、家电、机械工程等行业对铜合金新材料的需求，开发具有新功能、新特性的新合金是发展铜合金材料新的应用领域和满足人类社会可持续发展新需求的基本途径之一。同时，随着人们环保意识的提高，环保成为世界文明发展的主题，人们更加关注铅、铍、镉、砷等有害元素的影响，无铍高强度弹性铜合金、无砷耐蚀铜合金等环境友好型铜合金材料的开发成为铜合金材料的重要发展方向之一。

1.2 高强导电弹性铜合金

1.2.1 导电弹性铜合金的应用及性能要求

由于具有优良的导电、导热性能和良好的力学性能，导电弹性铜合金广泛用于生产仪器、仪表中的各种导电弹性元件，如各种载流弹性元件、接触弹簧、开关、转换器、端子类的元件等[1]。这些元件除要求相关合金材料具有高的导电性和耐蚀性外，还要有优良的弹性和强度。随着导电弹性元件在电子工业、通信工程、大规模集成电路和固体组件中的大量应用，以及电气设备、仪器仪表日趋小型化、轻量化和高性能化，人们对在该领域中广泛应用的导电弹性铜合金材料提出了高性能、低成本、高可靠性、无污染等要求。

所谓高强导电弹性铜合金，是指具有高强度的同时，还具有较高导电性、较大弹性模量的铜基合金。

导电性能是指物质传导电流的能力，也就是物质中电荷流动的难易程度，常用电导率 σ 来表示。依据欧姆定律，电导率定义为对固体施加的电流密度 J 与固体内电场强度 E 的比值，即 $\sigma = J/E$，单位是西/米（S/m）。电阻率，即电导率的倒数，也是描述物质导电性能常用的参数，用 ρ 来表示，单位是欧·米（$\Omega \cdot m$）。铜及其合金是最常用的导电材料。因此，对于铜合金，其导电性能通常采用相对电导率（常简称为电导率）来表示，即以标准退火纯铜（电阻率 $1.75 \times 10^{-8} \Omega \cdot m$）的电导率为 100%IACS，以铜合金电导率与标准退火纯铜电导率的百分比值来表示电导率的相对大小，具体表示为%IACS（IACS 是 international annealed copper standard 的缩写）。相对电导率的值越大，金属或合金的电导率就越高，导电性能越好。

强度是指材料抵抗断裂或过度变形的能力，通常用拉伸强度 σ_b 表示，单位兆帕斯卡（MPa）。拉伸强度，是金属由均匀塑性变形向局部集中塑性变形过渡的临界值，也是金属材料在静拉伸条件下的最大承载能力。金属材料塑性变形机理通常有晶体的滑移和孪生两种。滑移，是晶体内位错运动的结果，是金属晶体在切应力的作用下，沿着滑移面和滑移方向进行切变的过程。材料的拉伸强度与材料的组成、结构、组织状态、加工状态等因素有关。通常，凡是能够阻碍材料中位错运动的方式，均可提高材料的强度。

弹性模量是材料产生单位弹性变形所需要的应力。材料在弹性变形阶段，其应力和应变成正比例关系（即符合胡克定律），其比例系数就称为弹性模量。弹性模量是描述物质弹性的一个物理量，用 E 表示，单位是MPa。弹性模量，从宏观角度来说是衡量材料抵抗弹性变形的能力，从微观角度来说则是原子、离子、分子之间键合强度的反映。因此，凡是影响键合强度的因素，均能影响材料的弹性模量，如键合方式、晶体结构、化学成分、微观组织、温度等。通常，随着合金成分、热处理状态、冷塑性变形等的不同，金属材料的弹性模量会有 5％ 或更大的波动。但是，总体来说，金属材料的弹性模量是一个对组织结构不太敏感的力学性能指标，合金化、热处理、冷塑性变形等对弹性模量的影响较小，在工程应用时看成常数。在工程中，弹性模量越大，则在相同应力下产生的弹性变形就越小，即材料刚度越大。在机械零件或结构设计时，为了保证不产生过大的弹性变形，都要考虑所选用材料的弹性模量。

长期以来，在铜合金的研究和开发中，存在着高强度和高导电性之间的矛盾。这一矛盾甚至贯穿导电材料的始终。根据金属电子理论，铜的电导率与电子的自由程成正比，影响电子自由程的关键因素是杂质的散射。杂质引起的散射越强，电子的自由程就越短，铜的电导率就越低。因此，为了获得最大的电导率，就必须减少杂质引起的散射。而要提高铜合金的强度，就必须采用各种强化方法，如固溶强化、第二相粒子强化、复合强化、形变强化等。但是，几乎所有这些强化方法，都会引起合金基体相中产生应力场的变化，引起电子产生杂质散射，降低铜合金的电导率。因此，如何协调电导率和强度，是高强度导电弹性铜合金材料设计、制备、生产的关键。

近年来，我国在高强导电铜合金方面的研究和开发也取得了一定的进展，但是，诸多高端装备核心零部件用高强导电弹性铜合金还亟须进一步研究和技术突破。根据铜合金电导率和拉伸强度性能的要求不同，可分为高强高导铜合金、高强中导铜合金、高强低导铜合金和中强高导铜合金（如表 1-1 所示）。

▫ **表 1-1 铜合金性能及分类** [2]

分类	典型合金	拉伸强度 σ_b/MPa	电导率/%IACS
高强高导	Cu-Cr、Cu-Fe-P	600～700	70～90
高强中导	Cu-Ag-Cr、Cu-Ni-Si	600～700	30～70
高强低导	Cu-Be、Cu-Ti	＞800	10～30
中强高导	Cu-Ag、Cu-Mg、Cu-Sn	350～600	70～90

□ 表1-2 国内外引线框架常用铜合金材料及性能[3,4]

合金系列	合金牌号	拉伸强度 σ_b/MPa	电导率/%IACS
Cu-Fe	C19400	362~568	55~65
	C19700	380~500	80
	C19500	560~670	50
	C19210	294~412	90
Cu-Cr	OMCL-1	590	82
	EFTEC64T	560	75
Cu-Ni-Si	C70250	588~690	40
	C64710	490~588	40
	KLF-125	667	35
Cu-Sn	C50710	490~588	35
Cu-Zr	C15100	294~490	95
Cu-Ag	C15500	275~550	86

　　高强高导铜合金是 3C、高速轨道交通和大规模集成电路的核心材料之一。以超大规模集成电路为例，引线框架正在向多脚化、高密度化、超薄、微型化方向发展，引线框架用材料必须满足高强、高导、高抗软化温度、抗弯折、高精度等性能要求，要求屈服强度≥900MPa，电导率≥50%IACS[5]。表1-2为当前国内外引线框架常用铜合金材料。从表可以看出，现有铜合金难以满足这一要求。应用于其他领域的高强高导铜合金对电导率的要求更高，而强度要求相对比较低，一般是指拉伸强度（σ_b）为纯铜的 2~10 倍（350~2000MPa），电导率为（50~95）%IACS的铜合金。国际上公认的理想指标为：σ_b=600~800MPa，电导率≥80%IACS[6,7]。随着高速铁路的进一步提速，为了保证安全运行，对接触网线的强度、磨损、电导率都有更高的要求。当前我国普遍采用的高强度铜镁合金、铜锡合金等接触线，满足不了 400km/h 以上速度的高铁接触网线的强度和电导率要求，亟须开发拉伸强度>580 MPa、电导率>80%IACS的高抗弯耐扭铜合金线材[5]。超高强耐腐蚀耐磨铜合金，是航空、航天、海洋等领域高端装备核心零部件的关键材料，如起落架、控制轴承、耐磨轴承、轴套及液压系统耐磨部件、泵管、海底阀门、继电器等，亟须开发满足相关性能的高端铜合金，如铜镍锡合金等[5]。同时，还需建立绿色环保型铜合金体系，如无铅、无铍、无砷、无镉等的高强导电铜合金体系，以满足人们对生存环境保护的需要。

1.2.2　高强度导电弹性铜合金的研究和发展

根据合金的强化机制，高强度导电弹性铜合金的研究和发展主要分为以下四类：低温退火强化型弹性铜合金，时效析出强化型弹性铜合金，弥散强化型弹性铜合金和包覆型复合材料。

1.2.2.1　低温退火强化型弹性铜合金

低温退火强化型弹性铜合金，主要依靠冷变形强化和低温退火效应改善其性能，强度和弹性相对较低。这类铜合金经冷变形可形成大量的孪晶、层错和板织构，并在后续低温退火过程中得到进一步强化。低温退火强化的机制是溶质原子在层错、孪晶处的聚集和局部有序化而使合金强度得到提高。传统弹性合金锡磷青铜、黄铜和锌白铜即为典型的低温退火强化型合金[1]。

（1）锡磷青铜

锡磷青铜，是以锡和磷为主要合金元素的铜合金的统称，也是最常用的传统弹性铜合金，通过固溶强化和形变强化可获得较好的力学性能。该合金具有良好的延展性，易于加工成各种结构复杂的弹性元件，不仅具有优良的弹性性能，还具有无磁性、良好的耐磨性和耐腐蚀性能，也是目前铜基弹性合金材料中用量最大、用途最广的弹性材料之一。

锡（Sn）是能使铜合金产生最强烈形变强化的合金元素，还可以提高铜合金对海水的耐腐蚀性能。锡磷青铜强度和硬度随着 Sn 含量的增加而逐渐增加。锡磷青铜的电导率主要与 Sn、P 含量有关。目前，Sn 含量为 4%～9%、P 含量 0.1%～0.2% 的锡磷青铜的电导率约为（11～19）% IACS，均广泛应用于各种电器开关、继电器等电子元件。但是，锡磷青铜加工硬化率高，在生产过程中冷加工道次多，生产周期较长；同时，由于 Sn 资源的紧缺，锡磷青铜价格随着 Sn 含量的增加而逐渐增加。人们一直在研制低 Sn 或无 Sn 合金来代替锡磷青铜，如 Cu-9Ni-2.3Sn（国际牌号 C72500，本书中，如无特殊说明，元素前数字代表质量分数）、Cu-22.7Zn-3.0Al-0.4Co（C68800）等合金[8,9]，都具有与锡磷青铜相当的强度。另外，采用水平电磁连铸技术可以明显细化锡磷青铜的铸造组织[10]；添加 0.1%～0.15% 的铈（Ce），既可明显细化锡磷青铜的组织，又可形成第二相提高合金强度和硬度，有效改善合金综合性能[11]；添加少量 Fe

的锡磷青铜 QSn（4-1-0.04）的综合性能达到或超过 QSn（6.5-0.1），其电导率提高了 40 ％，并降低了合金能耗和成本[12]。

（2）黄铜

黄铜，是以铜和锌为主要成分的合金。从图 1-1 可以看出，锌（Zn）在铜中有很大的固溶度，454℃时最大可达 39％。当 Zn 含量低于 36％时，黄铜为单一的 α 相，具有良好的耐腐蚀性能和冷变形塑性。Zn 含量为 36％～46.5％的黄铜，成为双相（α＋β）黄铜。β 相为体心立方晶格，强度高，室温脆性大。当 Zn 含量高于 46.5％时，形成高脆性的 γ 相，难以进行压力加工。因此，黄铜中 Zn 的含量很少超过 46.5％，通常在 30％～40％之间。此时，黄铜的强度适中（400～600 MPa），价格低廉，具有较高的电导率（约 28％IACS），广泛应用于插座、开关、电器接线柱及触头等弹性元件。但是，黄铜合金对应力腐蚀开裂及高温变形比较敏感，逐渐被其他新型铜基弹性合金所替代。

添加少量 Al 和 Ni，可有效提高黄铜的强度。其中，Al 是黄铜强化的有效元素，其原子半径（1.43 Å，1Å＝10^{-10}m）略大于 Cu（1.28 Å）和 Zn（1.37 Å）。在铜基体相中，Al 通过置换 Cu 或 Zn 原子，使原有的 Cu-Zn 晶格应力场周期性产生畸变，减缓了变形过程中位错的移动，进而提高黄铜的强度。另外，Al 元素的 Zn 当量远高于其他合金元素，可明显减小 α 相的区间，促进 β 相生成区间的扩大，提高黄铜的强度。但是，当 Al 含量高于 5％时，铜基体中会析出高脆性的 γ 相，合金晶粒明显粗化。同时，Al 原子有助于黄铜在腐蚀性环境下形成稳定的氧化膜（Al_2O_3），提高黄铜的耐腐蚀性能。在此基础上，添加 Ni 元素，可以进一步提高黄铜的耐腐蚀性能和韧性。Ni 和 Al 结合，可以生成球状 Ni_3Al、NiAl，使黄铜由低温退火强化型合金向时效析出强化型合金转变。如含 Zn 20％～22％、Al 3.0％～3.8％、Ni 0.2％～1.0％的铝镍黄铜具有更高的拉伸强度（最高可达 900MPa 以上）和良好的成型性，且无磁性，受冲击时无火花，成本相对较低，适合制作复杂的弹性元件。

（3）锌白铜

锌白铜，也可称为镍黄铜，是以镍和锌为主要合金元素的铜合金。锌白铜的电导率较低（低至 5％IACS），但其强度较高，可达 450～850MPa，且具有良好的耐蚀性和弹性，成为广泛应用的耐蚀弹性铜合金材料。然而，国内锌白铜的牌号单一，且深冲性能较差，满足不了现代科技进步与发展的需要。

因此，低温退火强化型弹性铜合金的主要发展方向是提高性能、降低成本、改进产品质量等，具体包括：①寻求改善合金性能的途径，主要是发展各种细化晶粒的工艺和微量元素合金化；②寻找替代或部分替代锡磷青铜的新型合金，镍黄铜[8,13,14]、铝黄铜[8]、铝青铜[15] 等合金具有较大潜力；③开发材料加工新工艺，采用精密加工、处理设备，提高合金产品质量。

1.2.2.2 时效析出强化型弹性铜合金

时效析出强化型弹性铜合金，主要是通过过饱和固溶体时效析出第二相来提高合金的强度，其强度和弹性相对较高，属于高强度导电弹性铜合金。Cu-Be 合金[16]、Cu-Fe-P 合金[17-20]、Cu-Cr 合金[21]、Cu-Ti 合金[22]、Cu-Ni-Sn 合金[23]、Cu-Ni-Si 合金[24]、Cu-Ni-Mn 合金[25]、Cu-Zn-Ni-Mn 合金[26] 等系列合金均是典型的时效析出强化型弹性铜合金。

（1）Cu-Be 合金

Cu-Be 合金，也称铍青铜，是一种以铍（Be）为主要合金元素的时效析出强化型高强导电弹性合金，已有近百年的生产和应用历史。经过适当的强化处理，Cu-Be 合金具有高的强度和弹性，以及优良的导热性、导电性、耐磨性、耐疲劳性和耐腐蚀性等优异的综合性能。同时，Cu-Be 合金在拥有与某些钢材相当力学性能的同时，还拥有钢材所不具备的快速剧烈撞击后不产生火花的独特优势，因此被认为是综合性能最好的重要弹性铜合金材料，被称为"弹性铜合金之王"，广泛应用于制造电子元件、电器零件、控制轴承、磁敏器件外壳与电阻焊设备、零部件等[8,27]。

Be 的析出强化效果极其明显，所以 Cu-Be 合金也是最硬的铜合金之一，如含 $1.7\% \sim 2.0\%$ Be 的 Cu-Be 合金维氏硬度能达到 $150 \sim 300$HV。当 Be 含量为 2% 时，拉伸强度达到 1500MPa，电导率可达 22%IACS。Cu-Be 合金的主要强化相为与基体共格的 γ'' 相和半共格的 γ' 相，也是时效析出过程中强度和电导率升高的主要原因，其中，峰时效时位错和 γ' 相的作用机制为绕过机制。

但是，Cu-Be 合金作为一种常用的弹性合金也有其固有的缺点，即成本高，生产工艺相对复杂；Be 的氧化物或粉尘具有很大的毒性，对人体及环境造成损害；高温抗应力松弛能力差，不宜长时间在较高温度下工作，使用环境温度不能超过 $100 \sim 150$℃；生产和使用时，合金性能对热处理敏感，工艺操作上的差异常造成合金性能不稳定等。

在 Cu-Be 合金中添加一定量的镍（Ni）、钴（Co）、镁（Mg）等合金元素，可以延迟过时效、促进析出相均匀弥散分布，明显提高 Cu-Be 合金的综合性能。Ni 元素的添加，在时效过程中可以与 Be 形成 NiBe 或 Ni_5Be_{21} 相，NiBe 相的显微硬度高达 640MPa，显著提高合金的时效析出强化效果[28-30]。同时，由于镍元素可以促使合金中 Be 与其以 NiBe 纳米相的形式在基体中弥散析出沉淀，降低了 Be 在 α-Cu 固溶体基体中的溶解度，既提高了 Cu-Be 合金的强度，也进一步提高了电导率。在 Cu-Be 合金中添加 0.2%～0.5% 的 Ni 元素，能延缓再结晶过程，大幅度减缓冷却时的相变过程，抑制晶界反应和晶粒长大。

在高电导率 Cu-Be 合金中，通常含有一定量的合金元素 Co，它也可与 Be 形成 CoBe 或 Co_5Be_{21} 析出相，促进 Be 的析出沉淀。少量（0.2%～0.5%）Co 元素的添加，能有效阻止析出相粒子和铜基体晶粒的进一步长大，延缓固溶体的分解，避免晶界附近由于过时效而形成的组织不均匀性，达到提高 Cu-Be 合金强度和电导率的目的[31]。含 1.6%～2.0%Be 和 0.25%Co 的 Cu-Be 合金经冷加工时效后的屈服强度大于 1380MPa，电导率视冷加工量和热处理工艺的不同而在（20～30）%IACS 之间[8,27]。

随着第四次工业革命的到来，国家新基建政策的确立，工业自动化、智能化得以飞速发展，使得高强高导弹性铜合金的市场进一步扩大。Cu-Be 合金作为兼具超高强度、优异导电性能和无火花优势的弹性铜合金，应用市场也进一步扩大，国内外加大了对铍铜合金的研究与开发。

（2）Cu-Fe-P 合金

从 20 世纪 70 年代美国奥林公司开发出 C19400 合金（中国牌号 Qfe2.5）至今，Cu-Fe-P 系合金一直是市场上用量最大的引线框架材料之一。其中，最具代表性的是 C19400 合金（中国牌号 Qfe2.5）和 KFC 合金（中国牌号 Qfe0.1），其化学成分和性能如表 1-3 所示[17]。

⊡ 表 1-3　两种主要 Cu-Fe-P 合金性能 [17]

合金牌号	合金成分/%	拉伸强度 σ_b/MPa	电导率/%IACS
C19400	Fe 为 2.1～2.6；P 为 0.015～0.15	410～480	≥60
KFC	Fe 为 0.05～0.15；P 为 0.025～0.04	390～470	≥85

研究认为，与铜基体共格的 γ-Fe 析出相纳米粒子尺寸＜20nm 是 Cu-Fe-P 系合金强化的主要因素[17-19]。在 Cu-2.1Fe 合金时效过程中，

主要析出相就是与基体完全共格的 γ-Fe 纳米粒子，在过时效状态下长大成方形，并失去与基体的共格结构。合金欠时效条件下的强化机制主要为共格强化，而峰时效和过时效条件下主要是奥罗万强化机制[20]。Cu-Fe-P 合金中，合金元素磷（P）的添加，可以协助脱氧，降低熔体的黏度和细化晶粒。但 P 含量过高（＞0.15%）时，易形成比较稳定的 Fe_2P 相，并以微米尺寸粒子的形式弥散分布在铜基体中，对合金强化产生不利的影响。

（3）Cu-Cr 合金

Cu-Cr 合金，在工业上称为铬青铜，在室温及 400℃ 以下具有较高的强度，良好的焊接、切削和耐磨性能，拥有良好的导电导热性能和冷热加工性能，也是一种典型的时效析出强化型导电弹性铜合金。铬（Cr）元素在铜基体中的固溶度在高温时为 0.65%。随着温度的降低，Cr 在 Cu 基体中的溶解度快速下降，室温时降低到只有 0.03%。在高温固溶处理后，低温时效过程中过饱和的 Cr 将逐渐析出细小弥散的富 Cr 沉淀强化相，该相粒子的尺寸一般在 10nm 左右，与铜基体相具有良好的共格关系，使得合金的强度和电导率上升，经合适的时效处理后，Cu-Cr 合金可以获得强度与导电性能的良好匹配[32]。但是，单纯的 Cu-Cr 合金的时效析出相热稳定性较差，析出相粒子极易长大而产生过时效，导致软化温度偏低，极大限制了 Cu-Cr 二元合金在高端制造领域的大规模应用[33]。

在 Cu-Cr 合金中添加其他微合金元素，可以有效提高其综合性能。如表 1-4 所示，不同元素微合金化后，Cu-Cr 合金的强度和电导率都有不同程度的提升。Nb 元素的添加，可为 Cr 元素的析出提供形核中心，促进了 Cr 相的形核，有助于获得弥散分布且尺寸更为细小的 Cr 强化相。在时效中后期，Nb 原子偏聚在 Cr 相的表面或内部，有效延缓了 Cr 相的粗化。同时，Nb 还与 Cr 在晶界形成较为稳定的 Cr_2Nb 相，有效抑制铜基体晶粒的粗化，从而实现 Cu-Cr 合金强度和电导率的有效提升[34]。Mg 也是铜合金常用的添加元素。在时效初期，Mg 与 Cr 以 $CrCu_2Mg$ 相的形式析出，合金中的 Mg 富集在析出相中。随着时效过程的不断深入，由于 Mg 在 Cr 中不固溶且不发生反应生成新相，Mg 原子逐渐从析出相中排出[35]。同时，Mg 在 Cr 中的扩散系数远大于其在 Cu 中的扩散系数[36]，从析出相中排出的 Mg 原子就偏聚于析出相表面，有效降低了析出相与基体相的错配度，缓解界面弹性畸变，稳定了中间相，延迟了过时效进程[37,38]。

☐ 表 1-4　几种 Cu-Cr 系合金的性能 [34,39-43]

合金成分	拉伸强度 σ_b/MPa	电导率/%IACS
Cu-0.4Cr	—	86.4
Cu-0.13Cr-0.074Ag	473	94.5
Cu-0.28Cr-0.15Mg	540	79.2
Cu-0.28Cr-0.19Mg[44]	674	85.0
Cu-0.44Cr-0.17Mg[38]	—	83.2
Cu-0.43Cr-0.17Zr-0.05Mg	525	82.0
Cu-0.35Cr-0.06Yb[45]	465	89.5
Cu-0.45Cr-0.28Ti[45]	503(σ_s)	95.0
Cu-0.47Cr-0.16Nb	453	89.1
Cu-0.55Cr-0.07P	550	74.0

　　微量 Zr 元素的添加，不仅可以提高 Cu-Cr 合金的强度，还可大幅度提高合金的再结晶温度。Zr 是一种对铜电导率影响较小的合金元素，也是制备高导电铜合金的主要合金元素之一。微量 Zr 元素的添加，可以提高析出相的密度，延缓富 Cr 相的长大，使合金在保持较高电导率的同时，大幅度提高合金峰时效时的强度和高温性能[46,47]。表 1-5 列出了几种 Cu-Cr-Zr 合金的性能。从表中可以看出，以 Cr、Zr 为溶质元素的铜合金具有成为高强度、高导电弹性合金的巨大潜力。为了获得高强度高导电 Cu-Cr-Zr 合金，Cr 和 Zr 的总添加量不应大于 1%。

☐ 表 1-5　几种 Cu-Cr-Zr 系合金的性能 [48,49]

合金成分	拉伸强度 σ_b/MPa	电导率/%IACS
Cu-0.28Cr-0.24Zr	420	90
Cu-0.34Cr-0.3Zr	460	84
Cu-0.36Cr-0.26Zr	520	85
Cu-0.4Cr-0.2Zr	539~637	80
Cu-0.27Cr-0.11Zr-0.05Mg	515	83
Cu-0.6Cr-0.1Zr-0.13Mg	586	85
Cu-0.3Cr-0.1Zr-0.05Mg	590	82

　　（4）Cu-Ti 合金

　　Cu-Ti 合金，也称钛青铜，是 20 世纪 50 年代末期出现的一种新型铜基时效析出强化型弹性合金。与 Cu-Be 合金相比，Cu-Ti 合金的生产工艺

简单，原料丰富，价格便宜。近些年来，国外学者对 Ti 含量在 3.6% ～
6.5% 之间的 Cu-Ti 合金的热处理工艺及强化机理进行的研究表明[22]，
Cu-Ti 合金具有与 Cu-Be 合金同样高的强度、硬度和弹性，以及良好的耐
磨性、耐腐蚀性、加工性和可焊性，而且高温性能优于 Cu-Be 合
金[22,50-56]，是替代 Cu-Be 合金作为弹性材料最有潜力的合金之一。日本
已用 Cu-Ti 合金部分代替 Cu-Be 合金，用于制造精密仪器、仪表的弹性元
件和耐磨零件。部分 Cu-Ti 合金的性能如表 1-6 所示。

□ 表 1-6　几种 Cu-Ti 系列合金与 Cu-Be 合金的性能对比

合金成分	处理状态	屈服强度 $\sigma_{0.2}$/MPa	拉伸强度 σ_b/MPa	电导率/%IACS
Cu-1.5Ti[55]	ST+90CR+PA	670	760	21.5
Cu-2.7Ti[56]	ST+90CR+PA	950	1000	12
Cu-4.5Ti[56]	ST+90CR+PA	1280	1380	8
Cu-5.4Ti[56]	ST+90CR+PA	1400	1450	4.8
Cu-4.5Ti-0.5Co[57]	ST+90CR+PA	1185	1350	9
Cu-3Ti-1Cr[58]	ST+90CR+PA	1090	1110	—
Cu-4Ti-1Cr[59]	ST+90CR+PA	1165	1248	—
Cu-3Ti-1Cd[60]	ST+90CR+PA	922	1035	—
Cu-4Ti-1Cd[61]	ST+90CR+PA	1037	1252	—
Cu-0.5Be-2.0Co[62]	ST+CR+PA	690～825	760～895	50～60
Cu-2Be-0.5Co[62]	ST+CR+PA	1140～1415	1310～1480	25
Cu-2.7Ti-0.15Mg-0.1Ce-0.1Zr[63]	ST+90CR+PA	1030	1090	22.1

注：ST 指固溶处理 (solution treated)；PA 指峰时效 (peak aged)；CR 指冷轧 (cold rolled)，%。

根据 Cu-Ti 二元相图（图 1-2），Ti 在 Cu 中的溶解度随着温度的变化
而发生巨大变化（885℃时为 6.2%，室温时 0.4%）。通过在 885℃左右进
行固溶-淬火处理，先将 Ti 固溶在 Cu 基体中；然后在低温下进行时效处
理，将铜基体中过饱和的 Ti 原子以纳米尺寸沉淀相析出。这些弥散分布
的析出相粒子，通过奥罗万强化机制提高 Cu-Ti 合金的机械强度，同时降
低铜基体中 Ti 的固溶程度，确保合金具有一定的导电性能。研究发现，
Cu-Ti 合金中 Ti 的含量高于 0.6% 时，才具有时效析出强化效果，且随着
Ti 含量的升高，合金强度明显提升[64]。当 Ti 含量大于 4.0% 时，Cu-Ti
合金在淬火时会发生调幅分解（spinodal decomposition）[65,66]，并在时效

初期形成亚稳、连续的 β'-Cu$_4$Ti 细小沉淀析出相，该相被认为是 Cu-Ti 合金时效强化的主要原因[67-69]。

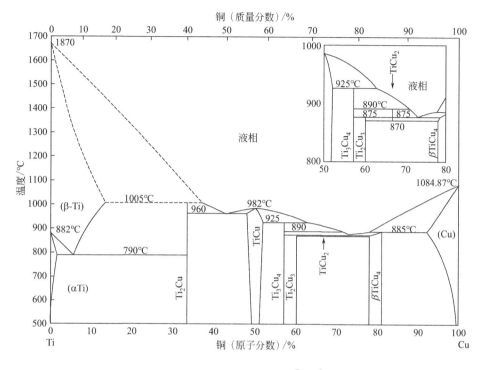

图 1-2 铜钛合金二元相图[22,71]

合金元素 Ti 的固溶，对铜的导电性能产生显著的影响，致使 Cu-Ti 合金电导率降低（图 1-2）[70]。Ti 含量＜4％时，由于固溶在铜基体中的 Ti 原子增大了晶格畸变程度，提高了电子散射程度，此时，固溶态 Cu-Ti 合金的电导率随着 Ti 含量的增加而降低。当 Ti 含量＞4％时，由于 Cu-Ti 合金在淬火过程中快速发生调幅分解并析出 β'-Cu$_4$Ti 相，降低了铜合金基体中 Ti 原子的固溶程度，减弱了基体晶格的畸变程度，使得合金电导率提高。同时，在 Ti 含量较低时，冷塑性变形对 Cu-Ti 合金导电性能的影响很小；当 Ti 含量较高时，冷塑性变形引起的位错密度增加以及形成的形变孪晶，会显著降低合金的电导率。因此，对于 Cu-Ti 合金来说，提高合金力学性能（拉伸强度）的主要途径是调控合金中时效析出强化相 Cu$_4$Ti 粒子的体积分数、分散程度和尺寸大小，而导电性能的改善主要通过各种形式降低铜合金基体中 Ti 元素的固溶程度。

在 Cu-Ti 合金中添加微合金化元素（Al、Cr、Zr、Sn 等），利用时效处理过程中微合金化元素与 Ti 形成金属间化合物来降低铜合金基体中 Ti 的固溶程度，可提高合金的强度和电导率[71]。洛阳铜加工集团有限责任公司向 Ti 含量在 5.5%～6.2% 的 Cu-Ti 合金中添加 0.5%～1.0% 的 Al，大幅度提高了合金的力学性能，其拉伸强度可达 1080MPa。研究表明，Al 元素的添加，可缩短峰时效的时间，并形成三元新相 $AlCu_2Ti$，促进了铜基体相中固溶 Ti 原子的析出，既提高了 Cu-Ti 合金的拉伸强度和耐腐蚀性能，又能提高合金的导电性能[72]。Cr 是铜合金中常用的合金强化元素。在 Cu-Ti 合金中添加少量 Cr 元素，在固溶处理后的时效过程中会析出 Cr_2Ti 相，进一步强化了合金的屈服强度和拉伸强度[58,59,73]。Zr 元素的添加，能阻碍 Ti 元素在晶界的扩散和晶界的滑移，细化晶粒，抑制 Cu-Ti 合金中 $β'-Cu_4Ti$ 向 $β-Cu_4Ti$ 相的转变，延缓过时效，强化合金的耐热性[74-76]。如添加 0.1% 的 Zr 元素，可以将 Cu-3.65Ti 合金的软化温度从 485℃ 提高到 540℃[75]。Sn 元素与 Ti、Cu 可以形成 $CuTi_3Sn_5$ 相，降低了时效处理后铜合金基体中残余 Ti 的含量，可获得具有较高电导率的 Cu-Ti-Sn 合金[77]。在 Cu-2.7Ti 中加入适量的 Mg、Ce 和 Zr，获得 Cu-2.7Ti-0.15Mg-0.1Ce-0.1Zr 合金，采用适当的预时效-冷变形＋时效处理工艺，在预时效过程中出现的大量析出相粒子，在随后的大冷变形＋时效过程中强烈钉扎位错和亚晶界，显著延迟了合金的再结晶过程，既提高了细晶强化效果，又引入巨大畸变能促进固溶 Ti 原子以细小的第二相粒子析出，在提升析出强化效应的同时，显著提高了合金的电导率[63]。在 Cu-Ti 合金中加入少量硼[78]、镉[60,61]，也可阻碍加热时的晶粒长大，细化晶粒，改善合金的冷加工性能，并抑制晶界不连续析出，同时提高合金时效后的强度、电导率、弹性极限及高温强度，减缓 Cu-Ti 合金的过时效趋势。

时效处理的气氛对 Cu-Ti 合金的显微组织和电导率也有较大影响。Semboshi 等的研究结果发现，由于 Ti 与 H 的亲和力远远高于 Cu，在 Cu-1%（原子分数）Ti 合金时效初期，优先形成 Cu_4Ti 相；随着时效时间的延长，TiH_2 相的形核取代了 Cu_4Ti 相的长大；这两个析出相的先后形成，有效降低了固溶在铜基体中的 Ti 元素的含量，使得 Cu-Ti 合金的电导率要高于其他气氛下时效时的电导率[79]。由此可见，对于 Cu-Ti 合金来说，不管是添加微合金化元素，还是改变时效处理工艺条件，降低铜合金基体中固溶 Ti 元素的含量，是提高其电导率的有效途径。提高固溶态 Cu-Ti 合金中固溶 Ti 元素的浓度，在后续的时效过程中尽可能将固溶的 Ti 以纳米尺寸的 Cu_4Ti 相粒子在铜基体中均匀弥散地沉淀析出，可以获得强度和电导率综合性能优越的 Cu-Ti 合金。

作为一种具有替代 Cu-Be 合金潜力的高性能合金，Cu-Ti 合金的研究方向主要集中在通过合理添加微合金化元素，在确保其超高强度的同时，改善其导电性能。由于 Ti 极易氧化，在非真空熔炼时，烧损极大，合金成分难以控制，容易生成 Ti 的氧化物夹杂，当前 Cu-Ti 合金主要采用真空熔炼为主的方式制备。

（5）Cu-Ni-Sn 合金

Cu-Ni-Sn 合金也属时效析出强化型合金，主要靠调幅分解及有序相沉淀作用得到强化[80-84]。该类合金具有超高的强度、高弹性、良好的韧性、优良的耐磨损和抗腐蚀性能、良好的焊接性，以及无毒、无环境污染、生产工艺简单、成本低等优点。同时，经冷变形和热处理时效后，Cu-Ni-Sn 合金的物理性能、力学性能与 Cu-Be 合金相当，是一种很有前景的高导电高弹性合金，常用于制造高速、高负载、强腐蚀条件下（如海水、酸性或油气环境）使用的轴承、轴套、轴瓦、高压油泵及其他耐磨部件[85-87]。而且，该类合金的使用温度可达 $200\sim250℃$，抗高温应力松弛性能大大优于 Cu-Be 合金。

通过对 Cu-15Ni-8Sn 合金相转变动力学的研究发现，Cu-Ni-Sn 合金在时效过程中会产生多种沉淀析出相，包括源于调幅分解的调幅结构（modulated structure）、DO_{22} 型 $(Cu，Ni)_3Sn$ 有序 γ' 相、L_{12} 型 $(Cu，Ni)_3Sn$ 有序相、晶界和晶内 DO_3 型 $(Cu，Ni)_3Sn$ 的 γ 相，以及 $(\alpha+\gamma)$ 的不连续沉淀[88,89]。在时效初期，过饱和 α 固溶体发生调幅分解，形成溶质原子富集区和贫乏区交替出现的条幅结构。这种结构可以阻碍位错的运动，从而起到强化合金的效果。随后，调幅结构逐渐成长粗化，在溶质原子 Sn 的富集区，析出亚稳态的 DO_{22} 型 $(Cu，Ni)_3Sn$ 有序 γ' 相粒子，并伴随 L_{12} 型 γ' 有序相出现，此时合金的强度达到最大值（峰时效）；随着时效时间的延长，DO_{22} 型 γ' 相向 DO_3 型 γ 相转变，同时在固溶体晶界析出层片状 $(\alpha+\gamma)$ 相，合金进入过时效阶段[85]。

Ni、Sn 含量对 Cu-Ni-Sn 合金的综合性能有很大的影响。在一定的范围内，Cu-Ni-Sn 合金的强度、硬度随着 Ni、Sn 元素含量的增加而提高，电导率则随之下降。铜合金的强度和导电性能与其溶质原子的种类和固溶含量有关。在 Cu-Ni-Sn 合金中，Ni 和 Sn 元素在固溶-淬火处理后以固溶原子的形式存在于铜基体晶格中，在随后的时效过程中再以（Cu，Ni）$_3$Sn 粒子的形式弥散分布析出，使铜基体得到净化，从而提高铜合金的强度和导电性。当 Cu-Ni-Sn 合金中的 Sn 含量固定不变时，随着 Ni 含量的增加，在时效过程中 Ni 与 Sn 以（Cu，Ni）$_3$Sn 粒子的形式析出，净化了铜基体，合金的强度和电导率都得到提高[90,91]；当 Ni 元素的质量分数达到一定值（如 15％）时，一部分 Ni 将继续固溶在铜基体中，虽能起到一定的固溶强化效果，但合金的时效强化效应减弱，电导率明显下降[5]。Sn 的含量直接影响时效过程中 DO$_{22}$ 型（Cu，Ni）$_3$Sn 有序相的生成。当 Sn 含量低于 4 ％时，Cu-Ni-Sn 合金在时效过程中不会产生有序相，此时合金的强化机制以固溶强化为主[92]。Sn 含量高于 4％时，合金开始发生调幅分解[93]。但是，Sn 含量过高，由于 Sn 在 Cu 中的溶解度有限，Cu-Ni-Sn 合金在制备过程中发生严重的枝晶偏析，影响合金的组织结构，使组织恶化，造成性能下降。由此可见，（Ni＋Sn）总含量和 Ni/Sn 配比反映了 Ni 与 Sn 之间的相互作用，对 Cu-Ni-Sn 合金性能起着显著影响[80,94,95]。当 Ni 与 Sn 总量增大时，时效后铜基体中溶质原子浓度较大，Cu-Ni-Sn 合金强度和硬度增大，但电导率下降；当（Ni＋Sn）总量增大到一定程度后，合金的电导率、拉伸强度和弹性性能均有所下降。Ni/Sn 的配比与析出相（Cu，Ni）$_3$Sn 中成分比例不仅对合金的电导率有较大影响，还会影响到合金的时效进程[88,89]。为了抑制 Sn 的枝晶偏析，添加 Si、Al 等元素可以起到细化枝晶的作用，再结合均匀化退火制度的优化[96]，或采用粉末冶金[97] 等方法，可以消除枝晶偏析和反偏析。

目前已研制开发出多种 Cu-Ni-Sn 合金，如 C72500（Cu-9.5Ni-2.3Sn）、C72650（Cu-7.5Ni-5Sn）、C72700（Cu-9Ni-6Sn）、C72800（Cu-10Ni-8Sn）、C72900（Cu-15Ni-8Sn）和 C72950（Cu-21Ni-5Sn）[98]，其成分和性能如表 1-7 所示。这些 Cu-Ni-Sn 合金均已经用于继电器、电位器、开关中的导电接触弹簧片、接插件以及精密仪表传感器的弹性敏感元件等，成为一种 Cu-Be 合金新型的代用材料。如 Cu-9Ni-6Sn 合金是贝尔电话公司研究开发的系列合金之一[87]，其强度和弹性都接近 Cu-Be 合金，而价格比 Cu-Be 合金便宜，在国外已作为高弹性合金大量使用。Cu-12Ni-8Sn 合金拉伸强度可达 1470MPa，弹性极限可达 130GPa，已用于制作精密电位器的电刷、接插件导体接触簧片、继电器动触点簧片等。

牌号	合金成分	拉伸强度 σ_b/MPa	弹性模量 E/GPa	电导率/%IACS
C72500	Cu-9.5Ni-2.3Sn	515～620(H04)	137	11
C72650	Cu-7.5Ni-5Sn	585～655(TD04)	124	14.5
C72700	Cu-9Ni-6Sn	670～860(TD04)	117	13
C72800	Cu-10Ni-8Sn	524(TD04)	128	10
C72900	Cu-15Ni-8Sn	655～825(TD04)	128	7

注：H04 指冷变形硬化；TD04 指固溶处理后冷变形＋时效。

(6) Cu-Ni-Si 合金

Cu-Ni-Si 合金析出强化效果也相当明显，是一种高强度中导电弹性铜合金，具有与磷青铜、低 Be 含量的 Cu-Be 合金相当的力学性能，成为制造高性能引线框架和接插件的理想材料之一。引线框架和接插件用 Cu-Ni-Si 合金强度一般在 600～700MPa，电导率为（35～50）%IACS[5]。

Cu-Ni-Si 合金的时效析出强化效应是 M.G.Corson 在 1927 年发现的[99]。近几十年来，有关该系合金析出强化相结构的研究有多种不同的报道，目前多数研究者认为该析出强化效应主要通过细小弥散的 δ-Ni$_2$Si 相粒子阻碍位错运动来获得高的强度[100]。预时效时析出正交晶格 δ-Ni$_2$Si 相，由于其点阵结构及点阵常数均不同于溶剂原子，在其周围产生不均匀畸变区，形成不均匀应力场，塑性变形时阻碍位错运动，引起强度和硬度升高。

研究发现，Ni、Si 质量比对合金性能产生显著影响[101,102]。由于析出相中 Ni 与 Si 原子比为 2:1，当合金中 Ni 与 Si 原子比偏离该比例时，多余的强化元素将以溶质原子形式存在。由于溶质原子 Si 对铜合金电导率损害极大，而溶质原子 Ni 对铜合金电导率影响相对较小（图1-2），适当的 Ni、Si 质量配比才能保证合金时效处理后同时获得高的强度和高的电导率。当 Ni、Si 质量比小于 4.0 时（原子比约 1.9），硬度及电导率均明显较低；当其在 4.0～4.5 之间（原子比 1.9～2.1）时，显微硬度和电导率均达到较高水平；Ni、Si 质量比进一步增加，电导率变化不大，但硬度呈缓慢下降趋势。S.Suzuki 等[103] 对 Cu-Ni-Si 合金进行了系统研究，结果发现，Ni、Si 原子比接近 2:1 时合金具有好的强度与电导率的配合。因其时效析出物呈圆盘状，可择优取向且粗化率很小，所以时效后 Cu-Ni-Si 合金可达到很高的硬度和强度。

合金成分	拉伸强度 σ_b/MPa	电导率/%IACS
Cu-1.52Ni-0.78Si-1.28Co	870	50
Cu-2.0Ni-0.5Si-0.3Cr	700	49.7
Cu-2.4Ni-0.4Si	627	39
Cu-2.4Ni-0.4Si-0.16P	686	42
Cu-2.5Ni-0.5Si-0.3Zn	780	40
Cu-2.79Ni-0.58Si-0.1Mg	879	48.9
Cu-3Ni-0.6Si	851	35.4
Cu-3Ni-0.6Si-0.2Cr	919	45
Cu-3Ni-0.6Si-0.2Cr-0.03P	985	36.9
Cu-3.0Ni-1.0Si-0.3Mn	800	30
Cu-3.2Ni-0.7Si	550	55
Cu-3.2Ni-0.7Si-1.25Sn-0.3Zn	700	36
Cu-4Ni-1.0Si	703.8	48
Cu-4Ni-1.0Si-0.1Mg	897	38
Cu-6.0Ni-1.0Si-0.5Al-0.15Mg-0.1Cr	1090	26.5

为了进一步提高拉伸强度，通常在 Cu-Ni-Si 合金中添加适量微合金化元素。Co、Cr、Zn、P、Mg、Mn、Al 等，一般都会在基体合金中引起晶格畸变，可不同程度提高 Cu-Ni-Si 合金的强度，但会不同程度地造成电导率的降低。近年来国内外报道的部分 Cu-Ni-Si 系列合金的强度及电导率如表 1-8 所示[104-114]。比如，Al 元素的添加，虽然可以抑制热轧过程中的再结晶晶粒长大，析出 Ni_3Al 相粒子，从而提高合金的强度；但是，同时会提高 Si 在铜基体中的固溶度，致使合金电导率下降[115]。有些微量元素的加入，对合金析出相的数量和形态也会产生作用，如促进其他固溶原子的析出，抑制原来析出相的长大等，使得基体金属得到纯化，溶质原子固溶度降低、晶格畸变程度降低等，从而提高电导率。比如，Cr 元素的适量添加，可以确保合金化元素析出 Cr_3Si 和 Ni_2Si 相。其中，Cr_3Si 是一种热力学稳定的第二相，主要在液相和结晶过程中形成，以细小粒子形式弥散分布在铜基体中。由于其溶解温度高于 Ni_2Si 相，弥散的 Cr_3Si 粒子可以抑制固溶处理过程中合金晶粒的长大，还可阻碍位错的运动，提高合金的高温强度和高温力学稳定性。当 Ni、Si 原子比低于 Ni_2Si 的 2∶1时，存在 Si 过剩，Cr 元素的加入，在高温下形成稳定结构和性能的 Cr_3Si

粒子，而在时效过程中析出的 Ni_2Si 纳米粒子，促进 Si 的溶出，既降低了铜固溶体中 Si 的浓度，提高 Cu-Ni-Si 合金电导率，又提高了合金的强度，还可以改善合金塑性[102,116,117]。

Cu-Ni-Si 合金也是极大规模集成电路理想的材料之一，通过成分设计优化，可进一步提升其综合性能。从 1981 年起世界各大铜加工企业集团研发出的 Cu-Ni-Si 合金达到二十多种，该合金的拉伸强度达 835～930MPa、电导率为（35～45）%IACS[104]。国内外市场上正在使用的 Cu-Ni-Si 系列合金牌号和性能如表 1-9 所示。

□ 表 1-9　部分 Cu-Ni-Si 系列合金牌号及性能[118,119]

合金牌号	合金成分	拉伸强度 σ_b/MPa	电导率/%IACS
C64710	Cu-3.2Ni-0.7Si-0.3Zn	490～588	40
KLFA85	Cu-3.2Ni-0.7Si-1.1Zn	800	45
C23	Cu-2.5Ni-0.5Si-0.3Zn	780	40
KLF118	Cu-1.8Ni-0.4Si-1.1Zn	750	51
PMC102	Cu-1.0Ni-0.2Si-0.03P	600	60
MF224HC	Cu-1.5Ni-0.18Si-0.1P-0.5Zn	685	47
C70250	Cu-3.0Ni-0.6Si-0.1Mg	585～690	35～40
TAMAC750	Cu-2.5Ni-0.65Si-0.12Zn-0.1Sn	730	51
KLF-125H	Cu-1.6Ni-0.35Si-0.3Zn-1.25Sn	666	35

1.2.2.3 弥散强化型弹性铜合金

弥散强化型弹性铜合金，是将耐热稳定性好的刚性陶瓷粒子均匀弥散分布在延性铜基体内的材料[120]。常用的弥散强化陶瓷粒子多为熔点高、高温稳定性好、硬度高的氧化物（Al_2O_3、ZrO_2、SiO_2 等）、硼化物、碳化物、氮化物等（表 1-10）。在弥散强化型弹性铜合金中，主要通过弥散微粒子阻碍位错运动、晶界滑移和抑制再结晶来提高强化效果和热稳定性[1]。由于弥散粒子一般具有较高的热稳定性，弥散强化型弹性合金的使用温度较高，热稳定性较好，适合应用于要求高强度、高导电及耐高温的环境，已经广泛应用于电阻焊电极、大规模集成电路引线框架、灯丝引线、电触头材料、大功率微波管结构材料、连铸机结晶器、直升机启动马达的整流子及浸入式燃料泵的整流子、核聚变系统中的等离子作用部件、燃烧室衬套等诸多领域和器件[120]。

⊡ 表 1-10 弥散强化铜合金常用陶瓷增强相及其性能[120]

强化相	晶型 (晶系)	熔点/ K	弹性模量/ GPa	密度/ (g/cm³)	电阻率/ (×10⁻⁶ Ω·m)	硬度/ (kgf[①]/mm²)
Al_2O_3	六方	2323	380	3.97	>1020	230~2700
Cr_2O_3	斜方	2708	103	5.21	—	2915
Nb_2O_3	六方	1743	—	4.95	—	726
TiO_2	正方	2113	283	4.25	—	1000
ZrO_2	正方	2900	250	6.27	—	1300~1500
HfO_2	立方	2785	—	9.68	—	940~1100
TiB_2	六方	3498	514	4.50	0.9	3310~3430
ZrB_2	六方	3333	503	6.10	0.97	2230~2274
CrB_2	六方	2373	215	5.20	3	2020~2180
Si_3N_4	六方	2173	304	3.20	>10¹⁸	2670~3260
TiN	立方	3173	265	5.44	2.2~13	1800~2100
BN	六方	3003	11.6	2.10	$1.7×10^{18}$	—
VC	立方	3089	434	5.77	0.15~0.16	2800
WC	六方	2993	669	15.63	0.19	2400
TaC	立方	4150	366	14.30	0.30~0.41	1800
TiC	立方	3420	269	4.93	0.60	2900~3200
SiC	六/立方	2700	207	3.18	10^8~10^9	3000~3500

① 1kgf=9.80665N。

通过合理选择引入陶瓷粒子的体积分数、颗粒尺寸、形状、分布状态以及与基体的共格程度，铜合金的强度和抗高温软化性能可以得到显著提高。这类合金主要有 Cu-Al_2O_3[121-124]、Cu-TiB_2[125-127] 等。弥散微粒与Cu 基体互不相容，使得合金具有较高的电导率，但其强度和弹性稍低。高浓度 Al_2O_3 的 Cu-Al_2O_3 合金电导率可达 (75~80)%IACS，拉伸强度可达 600MPa，使用温度可达 800℃。相比于 Cu-Al_2O_3 弥散强化铜合金，Cu-TiB_2 弥散强化铜合金中的强化相 TiB_2 具有良好的导电性。Cu-TiB_2 弥散强化铜合金的主要强化机制比较复杂，有细晶强化、弥散强化、载荷传递强化、变形过程中几何约束产生的位错强化和热错配位错强化等。弥散强化对强度的贡献随 TiB_2 含量的增加而增大。而影响 Cu-TiB_2 弥散强化铜合金的电导率的主要因素有因反应不充分而残余的溶质元素 Ti、B 以及

TiB_2 粒子的含量及尺寸[5,128]。表 1-11 为几种弥散强化型弹性铜合金强度和电导率。

表 1-11　几种弥散强化型弹性铜合金的性能

合金成分	拉伸强度 σ_b/MPa	电导率/%IACS
Cu-2.65Al$_2$O$_3$[129]	628	87
Cu-0.45TiB$_2$[120]	389	92
Cu-1.6TiB$_2$[120]	456	81
Cu-2.5TiB$_2$[120]	542	70
Cu-3.5TiB$_2$[130]	636.7	64.3
Cu-5TiB$_2$[131]	675	76
Cu-5%（体积分数）W[132]	596	84
Cu-1TiC[132]	550.4	82.2

弥散强化弹性铜合金的主要制备工艺有原位复合法和非原位复合法两种。所谓原位复合法，是指在生产过程中，在金属基体内部利用元素间或元素与复合相间的化学反应，在金属基体中直接合成强化相的方法。原位复合法具有原位复合强化相，在铜基体内热力学稳定性好、强化相与基体间界面清洁以及强化相粒子更加细小而均匀分布在基体内等优点，已经成为制备高性能弥散强化弹性铜合金的主要途径[120]。原位复合法包括内氧化、碳热还原、双熔体反应等方法。内氧化法通常用于制备氧化物陶瓷粒子弥散分布强化的铜合金。以 Cu-Al$_2$O$_3$ 为例，内氧化法的一般制备工艺为：采用雾化等方法制备得到 Cu-Al 合金粉，引入适量氧化剂并混合均匀，在密封容器中加热进行内氧化，溶质原子 Al 被表面渗入的氧优先氧化生成 Al$_2$O$_3$，随后将复合粉末在氢气等还原气氛中进行还原处理，去除残余的 Cu$_2$O，再将复合粉末包套、真空挤压或热锻成形即可。碳热还原法通常用于制备硼化物、碳化物等非氧化物陶瓷粒子弥散强化铜合金。以Cu-TiB$_2$ 为例，将 Cu-Ti 合金加热到一定温度熔融，引入 B$_2$O$_3$ 和碳到合金熔体内部，搅拌熔体，以便 B$_2$O$_3$ 粒子在熔体内部被碳还原并与合金成分 Ti 形成弥散分布的 TiB$_2$ 粒子。双熔体反应原位制备方法，是将 Cu-B 和 Cu-Ti 两种合金在惰性气氛下熔炼后，通过熔体传输通道将两股液流在交汇处形成紊流混合，并发生原位反应，即两股合金熔体相撞时发生反应（Ti＋2B $\longrightarrow$ TiB$_2$），在熔体中形成 TiB$_2$ 纳米粒子，最后由喷嘴喷出、浇铸即可。该方法可使 Cu-Ti 和 Cu-B 两种熔体以紊流状态充分均匀混合，

确保 TiB_2 形成反应的充分、均匀、原位发生，可以获得铜基体中均匀弥散分布的纳米 TiB_2 粒子[5,120,128]。

国外最早对弥散强化铜合金研究并实现产业化的是利用内氧化法制备 Cu-Al_2O_3 合金，20 世纪 70 年代美国的 SCM 公司已形成月产 18t、三种牌号（Glidcop 系列）Cu-Al_2O_3 的生产规模，之后各国纷纷开展研究[124,133-135]。我国对此类材料的研究起步较晚，20 世纪 70 年代才开始正式立项并研究[136,137]，90 年代才建立起第一条小规模的中试线。

弥散强化型弹性铜合金的发展主要是制备技术的发展，关键在于如何使超细强化微粒均匀分布在高导电的纯铜基体上，以获得高弥散强化效果的高导电铜基复合材料。这类合金的主要设计和发展方向是改进和开发新的材料制备技术，以获得性能优异的材料，并开发新品种，形成系列产品。

1.2.2.4 包覆型复合材料

制备包覆型复合材料的根本目的是多功能化，这是单一金属材料所不能满足的。随着仪表仪器工业的发展，对一些构件要求其相关特性是多重的，如微型开关及继电器用电接点及导电片、连接器用电接点及弹簧片、电位器用电刷机导电弹簧片等电器零部件，要求材料的相关特性如电接触特性、强度、耐蚀性、焊接性、硬度、耐磨、加工成形性、导电性等，均需使用包覆型复合材料。另外，包覆型复合材料还可以降低材料成本。主要材料有包覆型金属粉末 Cu/W、Ag/Cu-W 等制成的复合材料。当前该类材料研究和发展趋势是经过对材料实施复合深加工，实现由单一材料向制品化、材料元件一体化的发展[1]。

1.3 铜合金的强化方法

由于铜合金的强度和导电性能是相互矛盾的关系，提升电导率的同时，通常会使强度下降，而提高强度又难以满足导电性的要求。因此，开发高强导电弹性铜合金，就是在满足材料对导电性能要求的同时，尽可能提高材料的强度。铜合金强化的方法主要有形变强化、固溶强化、细晶强化和第二相强化等。

1.3.1 形变强化

形变强化[1] 是常见的铜合金强化手段之一，它是通过对铜合金进行冷塑性变形而提高合金强度和硬度的方法。冷塑性变形能使合金内部位错大量增值，根据位错强化理论，金属变形的主要方式是位错的运动。位错在运动过程中彼此交截，形成割阶，使位错的可动性减小，许多位错交互作用后，缠结在一起形成位错结，使位错运动变得十分困难，从而提高材料的强度和硬度。冷塑性变形程度越大，位错增值就越大，位错密度大幅度提高，材料强度和硬度提高越明显，这也正是通常说的加工强化或加工硬化。由于冷塑性变形会产生各种晶体缺陷，主要是位错等，铜合金的电导率会有所下降；但由于变形引起的电导率下降与杂质分布无关，因而电导率下降幅度较小，而且在后续的回复或再结晶过程中可以部分或全部地恢复。

不过，在随后的退火过程中，由于位错密度可动性增大，位错密度迅速降低，发生回复或再结晶过程，使得通过形变强化所获得的较高强度很快丧失。随着冷塑性变形量的增大，铜合金强度和硬度会相应得到提高，但再结晶开始温度也相应降低，使得合金的软化温度降低；另外，冷塑性变形产生强化和硬化的同时，显著降低了铜合金塑性和韧性。因此，仅通过形变强化来提高铜合金强度有相当的局限性，铜合金强化的一般途径是将形变强化与固溶强化、细晶强化、第二相粒子强化相结合，也就是在基体铜中添加适量的合金元素实现固溶强化，或者通过加入合金元素使晶粒细化，再通过变形处理进一步提高铜合金的拉伸强度和硬度，最后通过时效析出或添加第二相粒子的方式获得最佳的力学性能和导电性能。

1.3.2　固溶强化

固溶强化是利用固溶体中的溶质原子与运动位错相互作用而引起流变应力增加的一种强化方法。引起固溶强化的因素包括弹性交互作用（柯垂尔气团和斯诺克气团）、电交互作用、化学交互作用等。例如，在固溶体中加入溶质原子，当基体原子与溶质原子的尺寸存在差别时，局部晶体点阵发生畸变而引起的应变场将产生与位错交互作用的变化（包括超弹性作用力以及位错与溶质原子的介弹性作用能），最终起到增加晶体变形阻力，产生固溶强化的效果。因此，在基体中添加适量合金元素形成固溶体，合金的强度一般将得到提高。根据 Mott-Nabbaro 理论，对于稀薄固溶体，屈服强度随溶质元素浓度的变化可表示为：

$$\sigma = \sigma_0 + kC^m \qquad (1\text{-}1)$$

式中，σ 为合金屈服强度；σ_0 为纯金属屈服强度；C 为溶质原子浓度；k、m 为与基体和合金元素性质有关的常数，其中 m 的数值介于 0.5～1 之间。

根据 Matthiessen 定律，铜合金的电阻率可以表示为：

$$\rho = \rho_L + \rho_R \tag{1-2}$$

式中，ρ 是铜合金的电阻率；ρ_L 是纯铜的电阻率，由纯铜自身的性质和环境温度决定；ρ_R 为剩余电阻率，为铜合金中的杂质、空位、应力场变化等对运动电子的散射而导致的电阻率。在溶入溶质原子时，基体晶格的扭曲畸变破坏了晶格势场的周期性，从而增加了电子散射概率，电阻增大。因此，在加入溶质原子形成固溶体时，合金的电导率会有所降低。微量合金元素对铜电阻率的影响程度如图 1-3 所示[138]。除 Cd、Zn、Ag、Ni、Pb、Sn、Al 等微量元素加入铜中对铜电阻率的影响相对较弱，其他大多数合金元素（如 Ti、P、Fe、Co、Si、As、Cr、Be 等）的加入会严重降低铜合金的导电性能（图 1-3）。虽然各合金元素对铜合金导电性能的影响程度不同，但影响规律是相同的。合金元素含量越高，在铜合金中引起的缺陷就越多，对电子的散射也就越强，致使铜合金的电导率降低。

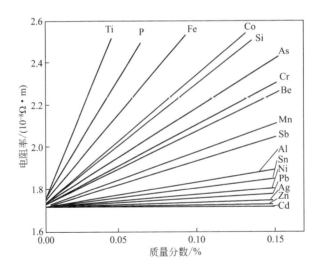

图 1-3　微量合金元素对铜电阻率的影响[138]

由此可见，对于固溶强化手段，铜合金的强度和电导率是相互矛盾的。因此，通过固溶强化方法获得高强高导弹性铜合金，添加的合金元素通常应满足以下条件[5,17]：

①合金元素能明显提高铜合金的强度，同时对铜合金导电性能的影响较小；

②合金元素能提高铜合金再结晶温度，使合金具有较好的抗高温软化能力；

③合金元素不影响铜合金良好的加工塑性，且形变强化效应显著。

由此可见，如果只从铜合金导电性能来考虑，合金元素应优先选用对铜合金电阻率影响较小的 Cd、Zn、Ag、Pb、Ni、Sn 等；而单从铜合金强度角度考虑，合金元素则应该优先选用具有较好强化效应的 Ag、Be、Cd、Cr、Mg、Fe、Zr 等元素。在选择高强度导电弹性铜合金的固溶元素时，既要考虑综合强度和导电性能的需求，又要兼顾高强度和高电导率。同时，在材料设计时，还需要考虑到环境保护、资源储量、价格等因素，尽量避免选择对人体或环境有毒、有害的元素和稀缺昂贵的元素[5]。

当然，为了获得综合性更优越的铜合金，通常将固溶强化与其他强化方法配合使用。

1.3.3 细晶强化

细晶强化的本质是利用晶界阻碍位错运动来使合金获得强化。在多晶体中，晶粒越细，屈服强度越高，两者关系可用 Hall-Petch 公式[116,138]表示：

$$\sigma_y = \sigma_o + k_y d^{-1/2} \tag{1-3}$$

式中，σ_y 为屈服应力；σ_o 为真应力；k_y 为 Hall-Petch 系数；d 为平均晶粒尺寸。多晶体在受力变形过程中，位错被晶界阻挡而塞积在晶界表面，从而迫使晶界内的滑移由易到难，最终合金被强化。此外，停留在晶界处的滑移带在位错塞积群的顶部会产生应力集中，位错塞积群可以与外加应力发生作用，当这个应力大到足以开动临近晶粒内部的位错源时，滑移带才能从一个晶粒传到下一个晶粒。由于晶界及相邻晶粒取向不同，这种晶粒间滑移带的传动，相对于晶内往往是更困难的，从而使材料强化。

细晶强化一般是通过快速凝固、添加合金元素、优化热处理工艺等手段来实现。同时，晶粒细化仅使晶体界面增多，引起晶格畸变较小，因而对铜合金电导率的影响较小。细晶强化的显著特点是，在提高强度的同时还能提高合金的塑性和韧性，所以该强化方法常被用于强化铜合金。

1.3.4 第二相强化

第二相强化是指基体中存在第二相而使材料得到强化的一种方法。根据导电理论，第二相与固溶在铜基体中的原子引起的点阵畸变相比，前者相界面对参与导电的电子散射作用比后者要小得多，不会导致铜及铜合金导电性更显著下降。因此，第二相强化成为高强导电铜合金中应用最为广泛的强化方法。

根据其强化作用的第二相的大小、形态、数量及其在基体上的分布，第二相强化又可分为时效析出强化（沉淀强化）、微粒弥散强化和纤维强化。其中，时效析出强化和微粒弥散强化都是利用铜基体中弥散分布的颗粒增强相对位错运动的阻碍作用来对铜合金进行强化，因此也称为颗粒强化。第二相颗粒与位错的相互作用主要有两种方式：一种是以位错切过粒子方式克服颗粒阻碍的切割机制；另一种是位错不能切割颗粒，而是在颗粒周围形成位错环来绕过颗粒向前运动的绕过机制，也称奥罗万（Orowan）机制，如图 1-4 所示。

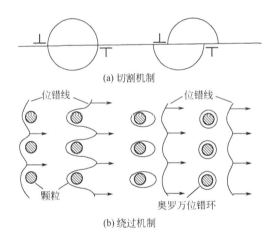

图 1-4　颗粒与位错的相互作用机制

颗粒相对于位错运动的"软硬"程度、与基体的位向关系以及颗粒的大小，决定了位错与颗粒相互作用的形式。当第二相颗粒质"软"，容易变形，且与基体晶格成共格或半共格关系时，位错与颗粒的作用方式可能为切割模式。第二相颗粒被位错线切割后，在粒子与铜基体之间就会形成

新的界面 [图 1-4 （a）]，增大了相间界面能，引起强化效应。此外，位错本身的应力场与第二相颗粒形成的应力场之间也会产生相互作用，使得位错运动需要消耗更多的能量，宏观表现为材料强度的增大。当弥散第二相为质"硬"而难以变形的颗粒时，运动的位错很难直接切割弥散的第二相颗粒。在外力的作用下，位错线会围绕弥散颗粒弯曲变形。当位错线弯曲到一定程度时，围绕第二相颗粒会形成一个闭合的位错环（奥罗万位错环），绕过的位错线将继续沿着受力方向运动 [图 1-4 （b）]。在绕过机制中，位错线环绕过弥散第二相颗粒时所需要的附加切应力，也就是强化值，与弥散相颗粒的间距和体积分数有关。弥散相颗粒间距越大，体积分数越大，绕过机制强化效应越大。

1.3.4.1　时效析出强化

时效析出强化，也称沉淀相强化，即在铜基体中加入常温下固溶度极小，而高温下固溶度较大的合金元素，或加入形成的相在铜基体中固溶度变化大的元素，通过高温固溶-淬火处理，合金元素在基体中形成过饱和固溶体，此时合金强度与纯基体相比有所提高。再通过低温时效使过饱和固溶体分解，合金元素以一定形式脱溶析出，弥散分布在基体中形成析出相。析出相能有效地阻止晶界和位错的移动，从而大大提高合金强度。

时效析出初期，析出相粒子尺寸细小，与基体呈共格关系，位错与粒子的交互作用为切割方式。时效中后期，析出相粒子粗化，且其与铜基体由共格转化为半共格或非共格，位错与粒子交互作用为绕过方式。

在时效析出相提高铜合金强度的同时，随着过饱和溶质原子的析出，铜基体中固溶的合金元素浓度降低，使得合金的电导率不断提高。由于时效析出强化的作用比固溶强化更为显著，且有利于合金导电能力的提高，因此，时效析出强化已成为目前制备铜基高强导电材料的广泛应用方法。

1.3.4.2　弥散强化

第二相以细小质点的弥散分布状态存在而使金属强化的现象，称为弥散强化。合金强度取决于弥散分布的第二相粒子对基体中位错的阻碍能力。弥散强化的机制主要有两种：奥罗万机制和安塞尔-勒尼尔机制。奥罗万（Orowan）机制认为，合金在发生塑性变形时，位错线无法直接切过高硬度的第二相粒子，只能环绕弥散粒子发生弯曲，并在弥散粒子周围留下位错环。位错线的弯曲成环，会增加位错附近影响区的合金基体相的晶格，从而给后续位错线的运动增加阻力，使得位错线滑移阻力增大，从而提高合金的强度。安塞尔-勒尼尔机制则认为，位错运动引起的位错线塞积，会引起弥散粒子的断裂，并将此作为材料屈服的依据。弥散粒子会不断阻碍位错线的运动，致使位错线在弥散粒子周围发生塞积，降低位错线的可动性，从而提高合金的强度。当弥散粒子受到的切应力大于其断裂应力时，合金便发生屈服。

另外，由于弥散相粒子是合金基体中位错运动的障碍物，材料在恒定的外加应力作用下，会发生缓慢而持续的塑性变形，也就是发生蠕变变形。蠕变过程中，弥散粒子的距离增大到位错能绕过该粒子时，合金的蠕变速率将增大，强化作用逐渐消失。因此，弥散粒子的尺寸越大且稳定，位错攀移的阻力就越大，金属发生塑性变形的阻力也就越大，蠕变越困难。因此，弥散强化型合金通常具有良好的高温蠕变性能。

为了在铜基体中获得弥散分布的第二相粒子，可人为地加入或通过一定的工艺在铜基体中原位生成零固溶度的弥散分布的第二相复合粒子，具体方法有：机械混合法、共沉淀法、反向凝胶析出法、电解沉淀法、内氧化法等[116]。常用的弥散强化相多为氧化物（如 Al_2O_3、ZrO_2）、硼化物（如 TiB_2、HfB_2）和碳化物（如 TiC、WC）等。由于第二相粒子阻碍位错运动，并具有良好的热稳定性，因此，其强化作用较为显著，且可阻滞再结晶的发生，提高合金的高温强度。同时，第二相的体积分数较小时，对导电性的影响较小。

1.3.4.3 纤维强化

纤维强化是人为地在铜基体中加入纤维作为第二相，使之定向规则地排列在铜基体中，或通过一定的工艺使基体中原位生成均匀相间、定向整齐排列的第二相纤维。纤维的存在使位错运动的阻力增大，从而使复合体得以强化。受到外力作用时，纤维增强铜基复合材料中具有高强度、高弹性模量的纤维是载荷的主要承受单元，而铜基体主要起着固定纤维和传递、分散载荷到纤维中去的媒介。复合材料的强度取决于纤维的强度、纤维与基体界面的黏结强度以及基体的剪切强度等因素[120]。

目前，碳纤维增强铜基体复合材料是应用最广的铜基纤维复合材料。碳纤维具有弹性模量大、强度高、膨胀系数低、密度小、导电和导热性能良好的特点。碳纤维的添加，还可使铜基复合材料具有自润滑、抗电弧和防熔焊的特性。因此，碳纤维增强铜基复合材料在电子元件、滑动器件、触点元件等领域得到广泛应用[120,139]。碳纤维增强铜基复合材料主要采用粉末冶金法和热压法进行制备。

1.4 高强导电弹性铜合金的设计

高强导电弹性铜合金的设计思想是，在保持合金良好导电性能的同时，通过合金化和复合法改善其他性能，特别是强度和可加工性能。其中，合金化方法是制备高强导电弹性铜合金的基本方法之一，即通过在铜基体中加入一定的合金元素，形成固溶体，再通过塑性变形及热处理使其组织和结构发生变化，从而获得能兼备高强度和较高导电性的铜合金。而复合法根据强化相引入方式的不同又可以分为人工复合法和自生复合法两种[1]。

合金化法制备高强导电铜合金，主要通过固溶强化和时效析出强化两种方法，细晶强化和形变强化常作为辅助强化手段。固溶强化型铜合金的导电性能较差。不同合金元素对铜的固溶强化作用效果是不同的，常用的固溶元素有 Ni、Zn、Sn、Mg、Ag 和 Cd 等。时效析出强化型合金，经高温固溶＋低温时效处理，合金元素呈弥散相析出，固溶体基体合金元素贫化，达到既提高强度、又具有良好导电性能的效果。因此，时效析出强化法是制备高强导电弹性铜合金的主要途径。时效强化型高强导电弹性铜合金主要有 Cu-Be、Cu-Ti、Cu-Ni-Si、Cu-Ni-Mn 等。

通常，合金化强化的一般途径是添加适量合金元素实现固溶强化，通过塑性变形达到形变强化，再通过时效析出或晶粒细化进一步强化。单一的固溶强化、时效析出强化及形变强化的效果往往有限，因而常常将几种强化方式联合使用。如通过固溶＋冷变形＋时效工艺可大大提高时效析出强化铜合金的强度，而对电导率影响很小。Cu-Zn-Cr 合金[140,141] 就是综合运用上述方法的一个典型例子。利用在铜中有较大固溶度的 Zn 对合金电阻的调整效应和 Zn 本身的固溶强化效果，以及 Cr 粒子的时效析出强化和提高耐热性的作用，使其成为一种新型的高强导电铜合金。

在新型高性能铜合金的研究和设计中，铜合金的强度和导电性一直都是不可兼得的，合金元素在提高合金强度的同时，必然会降低合金的电导率。从部分弹性铜合金的强度及电导率的关系图中（图 1-5）就可以明显看出，强度超过 800 MPa 的铜合金的电导率均在 30 ％IACS 以下。另外添加合金元素对铜合金的弹性也存在很大的影响，如图 1-6 所示。

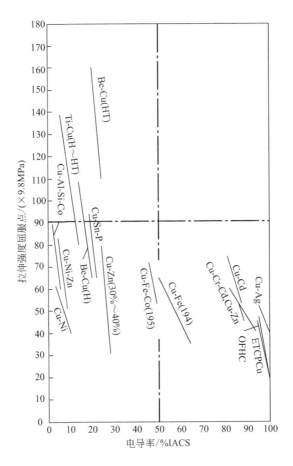

图 1-5　部分铜合金的强度及电导率对比[142]

比较而言，复合法制备高强导电弹性铜合金能同时发挥基体和强化相的协同作用，不会明显降低铜合金基体的导电性，同时强化相还改善了基体的室温及高温性能，又有较大的设计自由度，使之成为获得高强导电铜合金的理想强化手段。人工复合法制备高强导电弹性铜合金主要通过人为向铜中加入第二相的纳米颗粒、晶须或纤维对铜合金基体进行强化，或依靠强化相本身的强度来增大材料强度。其中，氧化物弥散强化铜合金就是通过向基体中引入均匀分布的、细小的、具有良好热稳定性的氧化物颗粒，如 Al_2O_3[143-145]、ZrO_2[146]、SiO_2、Y_2O_3[147,148]、ThO_2 等来强化基体而制得的材料。制备该类合金的方法目前较成熟的是内氧化法，其基

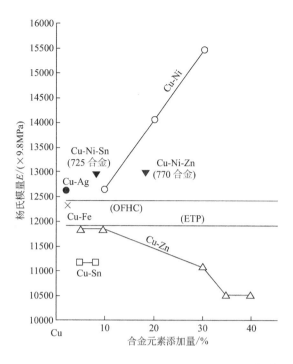

图 1-6　部分合金元素对铜金属杨氏模量的影响[142]

本过程是使 Cu-X 合金雾化粉末在高温氧化气氛中发生内氧化,使 X 合金元素转变为氧化物,然后在高温氢气气氛中将氧化铜还原,形成与 X 氧化物的混合体,最后在一定压力下烧结成型。目前研究得最充分的是 Cu-Al 合金的内氧化[143],Cu-Si 合金的研究也较多。提高弥散强化铜合金性能的关键有两个:一是优化内氧化工艺和还原工艺,确保弥散质点的均匀分布,保证材质的各向同性并使得氧化铜全部还原;二是要优化固化成形方法,提高成品的致密度[143,149]。机械合金化法是 20 世纪 60 年代末美国 Benjamin 研制成功的一种材料制备新工艺,它通过将不同的金属粉末和弥散粒子粉末在高能球磨机中长时间研磨,使金属原料颗粒之间达到原子级的紧密结合状态,同时使硬质粒子均匀地嵌入金属颗粒中得到复合粉末,然后压紧、成形、烧结、挤压,得到最终的复合材料。近年来,采用机械合金化法已成功研制出一些高强度导电铜合金,如 Cu-Al₂O₃[150]、Cu-TiC[151,152]、Cu-TiB₂[150]、Cu-Nb[153,154]、Cu-Zr[155-157] 等。自生复合法是制备高强导电弹性合金的一种新型制备方法,它是通过向铜中加入一定的合金元素，采用特定的工艺手段，使合金内部原位生成增强相[125,158,159]，与铜基体一起构成复合材料，而不是加工前就存在增强相与基体两种材料。用这种方法制备的 Cu-(15~20) Nb（体积分数）复合材料，其强度可达 2000MPa[160]。

综上所述，铜基高强导电弹性合金在仪器仪表、弹性元件、导电热元件等领域得到广泛应用，在当前生产和研究的高强导电弹性铜合金中，拉伸强度超过 1000MPa 的铜合金主要有四种：Cu-Be[16]、Cu-Ni-Sn[87,161]、Cu-Ti[22,54] 和 Cu-Ni-Si[108-111] 合金，均为时效析出强化型铜合金，其中综合性能最优良的是 Cu-Be 合金。但是，Cu-Be 合金在加工生产过程中产生 Be 的氧化物有毒、成本高、热处理要求严、热处理变形大、高温抗松弛能力差。因此，国内外的研究者均在寻找可替代 Cu-Be 合金的新型高强度导电弹性材料，其中，Cu-Ti 合金和 Cu-Ni-Sn 合金是两种最有潜力替代 Cu-Be 合金的高强度导电弹性材料。但是，Cu-Ti 合金由于钛极易氧化、冶炼工艺、热处理工艺复杂，在非真空熔炼时，烧损极大，其成分难以控制；同时，合金元素 Ti 对铜合金电导率的影响巨大，因此很难控制产品的导电性能。另外，由于 Sn 价格昂贵，而且在 Cu 中的溶解度有限，Cu-Ni-Sn 合金在制备过程中枝晶偏析严重，影响合金后续加工过程中的组织结构，使组织恶化，性能下降。而 Cu-Ni 合金具有最高的弹性（图 1-6）、良好的成形性、优良的导电性及耐蚀性、生产工艺简单等特点，引起各国研究人员的重视。因此，以 Cu-Ni 合金为基础，添加其他合金元素，提高合金的综合性能，研究和开发新型的高强度导电弹性铜合金，是铜基高强弹性合金很有潜力的发展方向。

除具有高弹性外，Cu-Ni 合金还具有极为优秀的耐恶劣水质和海水腐蚀性能，而 Cu-Zn 合金具有高强、耐磨、耐蚀、高导热、低成本的特点，Cu-Al 合金具有高强、耐磨、耐蚀的优点，所有这些优点都是其他金属材料不能代替的。而且，Zn、Al、Ni 这三个元素的共同特点是铜中固溶度很大，其中 Zn、Al 分别为 39.9%、9.4%，Ni 则无限固溶，与铜形成连续的固溶体，具有宽阔的单相区，它们能够明显地提高铜的力学性能和耐蚀性能。从 Cu-Ni-Zn 三元相图中可以得知，Zn 在 Cu-Ni 固溶体 α 相中的固溶度达 30%，可使合金固溶强化，大幅度提高强度、硬度和耐大气腐蚀性能。Cu-Ni-Zn 合金因具有优良的研磨性、钎焊性和抗应力腐蚀能力，较高的强度和弹性，良好的耐蚀性能，且易于电镀、热冷加工等技术工艺性能而被广泛应用于制造耐蚀性结构件，诸如各种精密仪器仪表、高级电子元器件的弹簧、插口、罩壳等多种零部件。同时，合金元素 Al 显著缩小了铜合金的 α 区，其 Zn 当量系数高，且在合金表面的离子化倾向比 Cu、Ni、Zn 大，优先与腐蚀性气体或溶液中的氧结合，形成坚硬致密的氧化膜，提高对气体、溶液，特别是高速海水的耐蚀性。另外，Al 在 Cu-Ni 固溶体中的溶解度不大，且其固溶度随温度降低而减小。在 Cu-Ni 合金中添加合金元素 Al，Ni_3Al（γ' 相）化合物从固溶体析出起到明显的时效析出硬化[162-164]，可显著提高合金的强度和硬度。有试验证明，Ni 和 Al 比为 10∶1 左右的 Cu-Ni-Al 系合金（如 Cu-16Ni-2Al-5Mn-1Fe）具有最佳的综合性能[1]：拉伸强度达 756MPa、屈服强度达 395MPa、伸长率为 25%。除具有高的强度（Cu-Ni 合金中强度最高）和耐蚀性外，Cu-Ni-Al 合金还具有高的弹性和抗寒性，可用于制作高强度耐蚀零件和重要用途的弹簧等[165]。

因此，本书以 Cu-Ni-Zn 三元合金为基础，重点介绍一种新型高强度导电含铝镍黄铜合金，通过调整合金元素铝（Al）的含量，阐明时效析出和形变处理对合金强度和电导率的影响规律及机理，以求替代有毒的、价格昂贵的传统 Cu-Be 弹性材料，为开创高强度导电弹性铜合金提供新的发展方向。

基于此，本书从相关相图出发，在 Cu-Ni-Zn 三元镍黄铜合金的基础上，添加不同含量的合金元素 Al，采用适当的热处理工艺及冷热加工工艺，通过时效析出和形变处理来提高合金的强度和导电性，形成 Cu-Ni-Zn-Al 新型高强导电弹性铜合金体系。主要内容如下：

① 高强导电镍黄铜合金制备过程中不同状态的组织结构及性能。主要介绍合金的成分设计及制备过程，系统阐述 Al 含量对镍黄铜合金制备、加工及热处理过程中的组织结构及性能的影响规律。

② 高强导电镍黄铜合金固溶-时效过程中的析出行为。主要阐述不同 Al 含量镍黄铜合金在固溶-时效过程中的时效析出行为及性能变化规律，相变产物的组织结构与强化机理，以及合金固溶-时效处理工艺优化。

③ 高强导电镍黄铜合金固溶-冷轧-时效析出与再结晶行为。主要介绍冷变形对不同 Al 含量镍黄铜合金组织及性能的影响规律，以及合金形变热处理工艺优化。

④ 高强导电镍黄铜合金时效析出动力学。主要阐述不同 Al 含量镍黄铜合金时效过程动力学，建立等温时效时相对电阻率与时间的数学模型。

⑤ 高强导电镍黄铜合金耐腐蚀性能。主要介绍不同 Al 含量镍黄铜合金在 3.5%NaCl 水溶液中耐腐蚀性能及影响机理。

第2章
含 Al 镍黄铜合金的组织结构及性能

2.1 引言

  Cu-Be 合金具有较高的强度、弹性，以及优良的导热性、导电性、耐磨性、耐疲劳性和耐腐蚀等优异的综合性能，作为弹性材料在商业上被广泛应用。然而，该合金成本高，生产工艺相对复杂，高温抗应力松弛能力差，不宜长时间在较高温度下工作，特别是铍的氧化物或粉尘具有很大的毒性，对人体及环境造成很大的损害。所以，开发新的高强导电弹性合金作为 Cu-Be 合金的替代材料备受关注。经过合适的热处理及冷热形变处理，Cu-Ni-Zn 三元合金表现出较高的强度[13,142,166-168]，拉伸强度可达 450～850MPa，具有良好的耐蚀性和弹性，成为广泛应用的耐蚀弹性铜合金材料。但是该类合金电导率较低（低至 5 %IACS），而且国内外对该合金性能的改善研究主要停留在增大固溶强化、细晶强化程度的层面，少见权威文献研究和报道其他方法来提高合金的综合性能。在当前生产和研究的高强导电弹性铜合金中，拉伸强度超过 1000MPa 的铜合金主要有 Cu-Be[16]、Cu-Ni-Sn[87,161]、Cu-Ti[22,54] 和 Cu-Ni-Si[108-111] 几种，且均为时效析出强化型铜合金。因此，为了寻求价格低廉、无污染、无毒性新型弹性合金，并进一步同时提高力学性能和导电性，在 Cu-Ni-Zn 合金的基础上，结合相关相图，采用合金化原则设计并制备 Cu-Ni-Zn-xAl（$x=0$、1.2%、1.6%、2.0%和2.4 %）新型高强导电弹性镍黄铜合金。本章主要介绍不同 Al 含量 Cu-Ni-Zn-Al 合金在制备过程中的组织与性能。

2.2 Cu-Ni-Zn-Al 合金成分设计及制备过程

  镍黄铜合金制备所用的工艺技术路线如图 2-1 所示。

2.2.1　合金成分设计

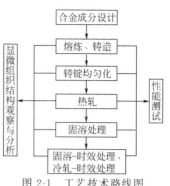

图 2-1　工艺技术路线图

　　铜合金选取合金元素 Cu、Zn、Ni 为主要合金成分，设计并制备 Cu-Ni-Zn-Al 合金。由于未见权威的 Cu-Zn-Ni-Al 四元合金相图的报道，本书参考 Cu-Ni-Al 三元合金在 500℃和 900℃的等温相图[169]，在 Cu-Ni-Zn 合金的基础上改变合金元素 Al 的含量，得到一系列新型铜合金：Cu-Ni-Zn-xAl（$x=0$、1.2%、1.6%、2.0%或 2.4%），其编号及名义成分如表 2-1 所示。

▫ 表 2-1　Cu-Ni-Zn-Al 合金名义成分表

试样编号	合金元素质量分数/%			
	Cu	Zn	Ni	Al
S0	Balance	18～21	9～11	0
S1	Balance	18～21	9～11	1.2
S2	Balance	18～21	9～11	1.6
S3	Balance	18～21	9～11	2.0
S4	Balance	18～21	9～11	2.4

2.2.2　合金的制备过程

　　（1）熔炼铸造

　　以 1# 电解纯铜、电解镍、1# 纯锌和高纯铝为原料，采用熔炼-铸造工艺制备合金。Cu-Ni-Zn-Al 合金的熔炼在中频感应炉加热的石墨坩埚中进行，采用烘烤过的木炭作覆盖剂。铸造前，将方形铸模（25mm×120mm×200mm）放在箱式电阻炉中于 300℃保温 30min 以上，烘干水分，进行预热。

　　熔炼-铸造工艺流程为：铜＋镍＋木炭→熔化→锌＋铝→熔化→搅拌、升温、扒渣→升温静置一定时间→浇铸，成型后水冷冷却。

　　（2）均匀化处理

　　均匀化退火是为了消除或减小合金铸锭晶内偏析，改善合金的加工性能。均匀化处理温度从低到高依次为 850℃、900℃和 925℃，保温时间为 12h，并室温淬火。

　　（3）热轧

　　经过均匀化处理后的铸锭，经切除头尾、铣面（铣面厚度根据表面质量的情况而定）后，在 850℃ 保温 3.5h，然后进行多道次热轧，得到厚度为 6mm 的热轧板，热轧总变形量为 70%。

（4）固溶处理

为了使 Ni、Al 等合金元素能充分固溶到合金基体中，对不同 Al 含量合金热轧板材进行统一固溶处理。结合合金均匀化处理温度，固溶处理温度为 925℃，保温 1h 后淬火，淬火水温≤25℃。

（5）冷轧

对热轧后固溶处理的合金板材进行酸洗，以去除合金表面的氧化皮；然后对合金板材在工作辊径为 210mm 的二辊轧机上进行多道次冷轧，终轧厚度为 1.2mm，冷轧变形量为 80%。

（6）时效处理

为了探索 Cu-Ni-Zn-Al 合金在不同时效处理状态下的组织和性能，时效处理工艺有两种：一种是对经 925℃×1h 固溶处理后再冷轧 80% 的冷轧板材进行时效，即固溶-冷轧-时效处理；另一种为经 925℃×1h 固溶、淬火处理的样品直接进行时效处理，即固溶-时效处理。

同时，为了探索不同时效工艺对合金组织和性能的影响，时效处理分为等时时效处理和等温时效处理两种。等时时效处理为在 200~700℃ 各时效 1h、淬火，然后进行组织观察和性能测试；等温时效处理为在选定的恒定温度下进行不同时间段的时效处理，时效时间为 0~256h，然后进行组织观察和性能测试。

本书中材料制备过程中的热处理均在马弗炉中进行，采用智能温度控制器监控炉温，炉温波动在 ±1℃。

2.3　Cu-Ni-Zn-Al 合金的铸态组织结构及性能

2.3.1　铸态金相组织

采用高温熔炼、室温水冷铸造的方式制备了五种不同 Al 含量的 Cu-Ni-Zn-Al 合金。图 2-2 即为五种 Cu-Ni-Zn-Al 合金铸态的显微组织。从图中可以看出，合金铸态组织均为发达的枝晶组织，且枝晶组织随着 Al 含量的增加而变得更为发达。未添加 Al 的 S0 合金［图 2-2（a）］铸态枝晶较为细小，呈灰白色，枝晶间呈灰黑色，偏析程度相对较小。与未添加 Al 的 S0 合金铸态组织相比，添加了 Al 的 S1~S4 合金铸态组织明显不同，其铸态枝晶组织更为发达，枝晶长度明显增大，枝晶网胞尺寸粗大，枝晶间距呈增大趋势，如图 2-2（b）～（e）所示。而且，在添加了 Al 的合金铸态枝晶组织中，枝晶呈灰黑色；而枝晶间的组织呈灰白色。对 S2 合金铸态组织进行扫描电镜（SEM）观察及线能谱分析（图 2-3），结果表明：铸锭组织中合金元素 Al 和 Ni 存在少量偏析，但偏析程度不大，而 Cu 和 Zn 分布较均匀。

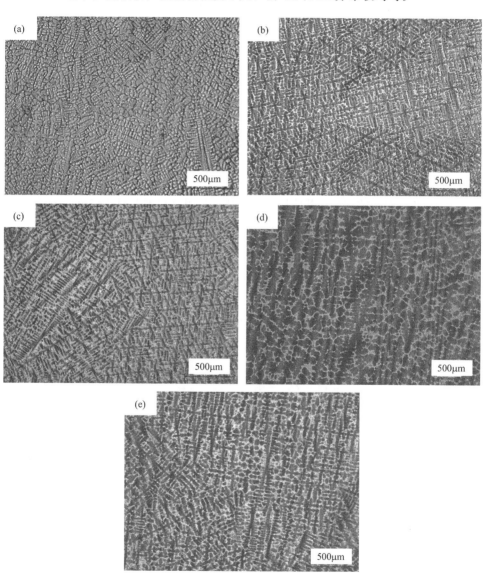

图 2-2　不同 Al 含量 Cu-Ni-Zn-Al 合金铸态金相组织

（a）S0；（b）S1；（c）S2；（d）S3；（e）S4

2.3.2 合金中相组成

对 Cu-Ni-Zn-Al 铸态合金进行 X 射线衍射分析，结果如图 2-4 所示。从图 2-4 中可以看出，Cu-Ni-Zn-Al 铸态合金衍射峰基本为 α 固溶体基体的衍射峰。另外，随着 Al 含量的增加，合金基体衍射峰峰位逐渐向低角度移动，表明合金元素 Al 固溶到合金基体中的浓度逐渐增大。由于 Al 原子具有相对较大的原子半径和晶格常数，当大原子半径的 Al 固溶到 α 固溶体基体

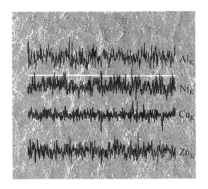

图 2-3　S2 合金铸态枝晶组织的 SEM 照片及其线扫描能谱分析图

中时，引起合金固溶体基体晶格常数增大，相应衍射峰峰位向低角度移动。与此同时，铸态合金基体衍射峰逐渐出现明显峰形非对称现象：无 Al 的 S0 合金衍射峰峰形基本对称，且相对较尖锐；随着 Al 含量的增加，基体衍射峰峰形出现畸变，表现为衍射峰下半部分明显宽化，且呈非对称性。

根据 900℃的 Cu-Ni-Al 三元等温相图[169]，与研究合金相似成分的合金区域为 α 单相固溶体；同时，Cu-Ni-Zn 三元相图中研究合金成分均为 α 固溶体。这充分说明，在熔炼铸造过程中，未添加 Al 的 S0 合金组织始终

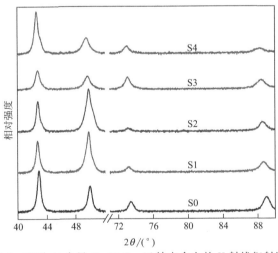

图 2-4　不同 Al 含量 Cu-Ni-Zn-Al 铸态合金的 X 射线衍射图谱

为 α 固溶体组织，而添加了 Al 的 S1～S4 合金在高温熔炼时为 α 固溶体组织。在铸造冷却过程中，随着合金温度的降低且冷却速率足够快时，合金 α 固溶体组织逐渐转变为过饱和固溶体组织，并处于亚稳状态，最终得到过饱和 α 固溶体组织。由于原子半径及晶格常数与固溶体基体中其他原子相差较大，固溶后 Al 原子与基体具有一定的晶格错配，引起周边基体晶格一定畸变并产生相应的弹性应力场，这些晶格畸变和弹性应力场在 X 射线作用下会产生额外的散射，引起 X 射线衍射图谱中基体衍射峰峰形的畸变，即发生黄漫散射（Huang diffuse scattering）[170]。另外，合金铸态组织存在一定的枝晶偏析，出现微区成分不均匀，晶格常数会在一定范围内波动，从而引起相应 X 射线衍射峰形畸变。由此可见，图 2-4 中 S1～S4 合金基体衍射峰峰形畸变主要是由过饱和固溶体中溶质原子与溶剂原子的原子半径及晶格常数不同和铸态组织枝晶偏析引起的。同时，合金在铸造过程中还可能存在脱溶析出过程，但是，由于冷却速率快，脱溶析出的第二相体积分数较小或无第二相粒子析出，Cu-Ni-Zn-Al 合金衍射峰中未见第二相的衍射峰出现。

2.3.3　硬度变化规律

Al 含量对 Cu-Ni-Zn-Al 合金铸态力学性能产生较大的影响，图 2-5 即为 Cu-Ni-Zn-Al 铸态合金显微硬度与合金中 Al 含量的关系曲线。从图中

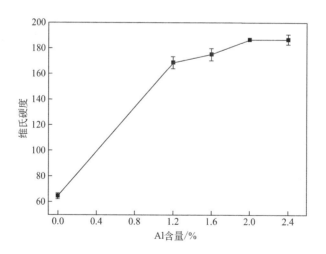

图 2-5　Cu-Ni-Zn-Al 铸态合金中 Al 含量与维氏硬度的关系曲线

可以明显看出，未添加 Al 的合金 S0 铸态下的显微硬度较低，仅为 65HV 左右；而添加了 Al 的合金相同状态下的显微硬度明显较大，达到 169～187HV，且硬度值随着 Al 含量的增加而稍有增大。从 XRD 分析结果已经得知，S0 合金铸态组织为 α 固溶体组织，因而其硬度值相对较低；而添加 Al 后，Al 原子固溶进入 α 固溶体基体中，形成过饱和固溶体。由于合金元素 Al 的晶格常数和原子半径均比 α 固溶体的要大，固溶的 Al 原子引起周边 α 固溶体基体产生相应的弹性应变场。随着 Al 的增加，固溶体中 Al 的浓度增大，相应的弹性应变场增多、增强。另外，含 Al 合金在铸造冷却过程中存在溶质原子的偏聚，使得基体发生一定程度的晶格畸变，固溶原子、弹性应变场和晶格畸变区在合金变形过程中强烈阻碍位错的移动，从而提高合金的变形抗力，同时产生固溶硬化和畸变硬化，使得合金硬度大幅度提升。在该镍黄铜合金中，合金元素 Al 含量越高，过饱和固溶原子浓度也越高，引起的弹性应变场也就越大，从而产生的硬化效果愈明显，硬度也相应提高。

2.4 Cu-Ni-Zn-Al 合金均匀化状态的组织结构及性能

2.4.1 均匀化状态下的金相组织

从 Cu-Ni-Zn-Al 合金铸态组织分析可以得知，尽管 Al 含量不同，但合金铸态组织主要为发达的枝晶组织，存在一定的晶内枝晶成分偏析。枝晶网胞心部与边部化学成分存在一定差异，在腐蚀介质中可形成浓差微电池，降低材料的电化学腐蚀抗力。另外，合金铸锭在后续加工过程中，具有不同化学成分的各显微区域拉长并形成带状组织，这种组织可致使变形合金产生各向异性，并增加晶间断裂倾向。而且，合金铸态组织处于亚稳状态，在较高温度下可以发生固溶体成分均匀化和非平衡相的溶解，使得性能不断发生变化，不利于合金性能的把控。为保证良好的变形性能，铸锭的非平衡组织应加以改善；此外，考虑到铸造组织对合金半成品及制品性能的遗传影响，也应采取措施尽可能地消除铸锭组织的成分不均匀现象。由于产生非平衡状态的原因是结晶过程中扩散受阻，这种状态在热力学上是亚稳定的，有自动向平衡状态转化的趋势。为了消除铸态组织中的枝晶组织和成分不均匀，对 Cu-Ni-Zn-Al 合金的铸态枝晶组织进行高温均匀化退火处理，以提高合金的热、冷压力加工性能。

图 2-6 为 S0、S1 和 S2 合金在 850℃均匀化处理 12h、冷水淬火后的金相组织。对于 S0、S1 和 S2 合金来说，在 850℃均匀化处理 12h 后，铸态枝晶组织已基本消除，仅残留枝晶中心部位的深色点状未固溶到 α 固溶体基体中。Al 含量较高的 S3 和 S4 合金在不同均匀化处理条件下合金的显微组织分别如图 2-7 和图 2-8 所示。从图 2-7 可以明显看出，在 850℃均匀化处理 12h 后，S3 合金中除枝晶组织略有减少外，未见明显组织变化；当均匀化温度升高到 900℃时，S3 合金铸态枝晶组织才明显得以消除，但还残余部分枝晶中心部位的深色点状组织均匀分布在 α 固溶体基体中。而对于 Al 含量更高（2.4%）的 S4 合金来说，在 850℃均匀化处理 12h 后，其组织与铸态枝晶组织基本相同，仅细小枝晶稍有减少，粗大枝晶均匀化不明显；当均匀化温度升高到 900℃时，枝晶组织明显减少，粗大铸态枝晶明显均匀化，粗大枝晶中心并未均匀化完全，仍保留有树枝状枝晶轮廓；当均匀化温度继续升高到 925℃并保温 12h 后，铸态枝晶组织得以基本消除，仅残留粗大枝晶中心小部分呈深色点状分布在 α 固溶体基体中。

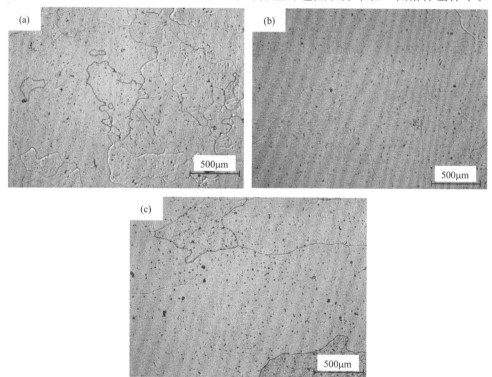

图 2-6 不同 Al 含量 Cu-Ni-Zn-Al 合金在 850℃均匀化处理 12h 后的金相组织

(a) S0；(b) S1；(c) S2

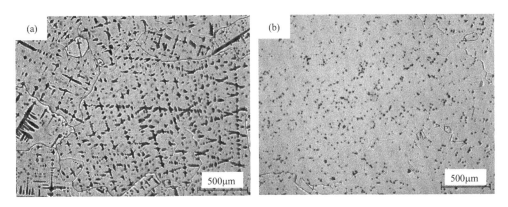

图 2-7　S3 合金在不同均匀化处理条件下的金相组织

（a）850℃×12h；（b）900℃×12h

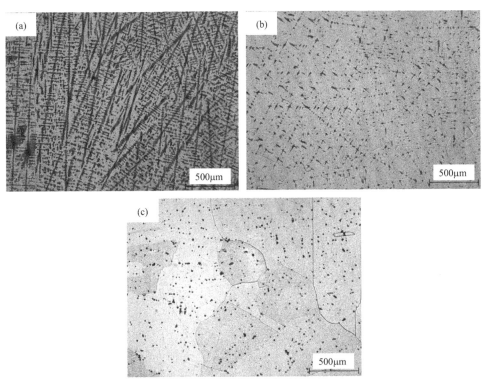

图 2-8　S4 合金在不同温度下均匀化处理 12h 后的金相组织

（a）850℃×12h；（b）900℃×12h；（c）925℃×12h

通过对不同 Al 含量 Cu-Ni-Zn-Al 合金铸锭均匀化处理前后的组织分析可以得知，在保温时间一定的条件下，随着合金元素 Al 含量的增加，合金铸态枝晶组织均匀化所需的温度明显升高，表明合金元素 Al 的添加延后了均匀化过程，提高了合金铸态均匀化所需要的温度。Al 含量较低（≤1.6%）的 S0、S1 和 S2 合金在 850℃ 均匀化处理 12h 后即可完成均匀化，而 Al 含量较高（2.0%）的 S3 合金完成均匀化所需的温度升高到 900℃，Al 含量最高（2.4%）的 S4 合金在 925℃ 保温 12h 后其铸态枝晶组织才能得以均匀化完全。因此，Cu-Ni-Zn-Al 合金合适的均匀化处理工艺为：S0、S1 和 S2 合金为 850℃×12h；S3 合金为 900℃×12h；S4 合金为 925℃×12h。

2.4.2 均匀化动力学分析

均匀化处理的主要工艺参数是均匀化温度和保温时间。根据扩散第一定律，单位时间内通过单位面积的扩散物质的量（扩散通量，用 J 表示）与垂直于该截面 x 方向上的物质的浓度梯度呈正比[171]，即：

$$J = -D \frac{\partial C}{\partial x} \tag{2-1}$$

式中，扩散系数 D 与合金的本质、固溶体类型与成分、晶粒尺寸有关，且与温度呈阿伦尼乌斯关系：

$$D = -D_0 \exp\left(-\frac{Q}{RT}\right) \tag{2-2}$$

式中，D_0 为与温度无关的频率因子；Q 为扩散激活能；R 为摩尔气体常数；T 为热力学温度。从式（2-2）中可以看出，随着均匀化温度的提高，扩散系数 D 大大上升，大大加速扩散过程。因此，为了缩短均匀化处理时间，应适当提高均匀化温度。

在具有显微偏析的铸态组织中，固溶体基体内部的合金元素含量与枝晶部分的含量相差较大[172]，合金元素的浓度分布大多呈周期性变化，具有一定的波长（2L），其浓度分布 $w(x,0)$ 可用傅里叶级数表示[171]：

$$w(x,0) = \frac{A_0}{2} + \sum_{n=1}^{\infty} \left(A_n \cos \frac{\pi n x}{L} + B_n \sin \frac{\pi n x}{L}\right) \tag{2-3}$$

式中，$A_n = \frac{1}{L} \int_{-L}^{L} c(\xi) \cos \frac{\pi n \xi}{L} d\xi$；$B_n = \frac{1}{L} \int_{-L}^{L} c(\xi) \sin \frac{\pi n \xi}{L} d\xi$；$S_0 =$

w_0，即合金元素的平均浓度。

将原始浓度分布的成分波分解成半波长为 L、$L/2$、$L/3$、$\cdots$、L/n 等无限个谐波叠加，按扩散系数为常数时用分离变量方法求解扩散方程，可得式(2-3)的解为：

$$w(x,t) = \bar{w} + \sum_{n=1}^{\infty} \left(A_n \cos\frac{\pi nx}{L} + B_n \sin\frac{\pi nx}{L} \right) \exp\left[-\left(\frac{n\pi}{L}\right)^2 Dt \right]$$

$$(2\text{-}4)$$

式中，$\bar{w}$ 为完全均匀化后合金元素的平均浓度，每一种谐波都按其自身的衰减因子 $\exp\left[-(n\pi/L)^2 Dt \right]$ 衰减。由于高阶谐波 ($n>L$) 的波长明显相对要短，其振幅的衰减速度比主波 ($n=L$) 快得多，因此，浓度分布很快就变成正弦或余弦函数分布。所以，对于扩散时间较长的均匀化问题，一般用单一的主波函数（正弦或余弦）来描述。因此，枝晶偏析的均匀化过程中，合金元素浓度可利用傅里叶级数化简得出关系式：

$$w(x,t) = \bar{w} + \frac{(\Delta w)_0}{2} \cos\left(\frac{2\pi x}{L}\right) \exp\left(-\frac{4\pi^2 Dt}{L^2}\right) \qquad (2\text{-}5)$$

式中，$(\Delta w)_0$ 为均匀化前枝晶内部与枝晶间隙的原始浓度差。式(2-5)表明，随着均匀化时间 t 的延长，枝晶中合金元素浓度较高的部分其浓度逐渐减小并趋于平均值。因此，研究均匀化过程，只要搞清楚合金元素浓度峰值的衰减过程即可，此时角函数的值为 1 或 -1。因此，式(2-5)的余弦分布衰减规律可由衰减函数表示：

$$w(x,t) = \bar{w} + \frac{(\Delta w)_0}{2} \exp\left(-\frac{4\pi^2 Dt}{L^2}\right) \qquad (2\text{-}6)$$

从式(2-6)可以看出，只有当均匀化保温时间 t 趋于无穷大时，$w(x,t)$ 才会趋于 $\bar{w}$，合金成分偏析才能完全消除。因此，扩散均匀化只具有相对意义。一般来说，在均匀化处理过程中，当合金元素含量差衰减到 $\frac{1}{100} \times \frac{(\Delta w)_0}{2}$ 时，认为均匀化结束，即：

$$\frac{1}{100} \times \frac{(\Delta w)_0}{2} = \frac{(\Delta w)_0}{2} \exp\left(-\frac{4\pi^2 Dt}{L^2}\right) \qquad (2\text{-}7)$$

根据阿伦尼乌斯方程，扩散系数 D 与温度 T 有如式(2-2)关系。将式(2-2)代入式(2-7)中，整理后得出均匀化动力学方程：

$$\frac{1}{T} = \frac{R}{Q} \ln\left(\frac{4\pi^2 D_0 t}{4.6 L^2}\right) \qquad (2\text{-}8)$$

从式（2-8）可以看出，随着均匀化温度 T 的增加，均匀化时间 t 逐渐缩短。合金元素 Al 的添加增大了合金铸态组织中的微观偏析，而且，随着 Al 含量的增加，枝晶间距 $2L$ 逐渐增大，在相同温度下均匀化时达到平衡所需要的时间 t 大大增加；同时，合金中 Al 含量的变化，影响合金中各合金元素的扩散系数，不同 Al 含量的 Cu-Ni-Zn-Al 合金中合金元素扩散系数不同，式（2-8）中 D_0 和 Q 也有所不同，也是需要考虑的变量[173]。

2.5　Cu-Ni-Zn-Al 合金热轧态的组织结构与性能

2.5.1　金相组织观察

经均匀化处理后，不同 Al 含量 Cu-Ni-Zn-Al 合金在 850℃ 进行多道次热轧，热轧总变形量为 70%，其热轧态的显微组织如图 2-9 所示。从图 2-9 中可以明显看出，试验合金热轧态显微组织随着 Al 含量的增加而明显不同。

未添加 Al 的 S0 合金热轧后的组织 [图 2-9 （a）]为 α 固溶体热轧组织，再结晶并未完全，呈现不规则形状的再结晶晶粒。这是因为，在热轧过程中，由于温度较高，在高温和热轧压力的联合作用下，合金在变形的过程中同时发生动态回复和动态再结晶。而 S1 合金热轧后晶粒得以明显拉长，晶内存在少量滑移带，呈现出较为明显的再结晶组织，晶粒细小；在滑移带和晶界处隐约可见少量灰色第二相析出 [图 2-9 （b）]。这是由于在热轧前期温度较高，合金热轧过程中还同时发生回复和再结晶，得到尺寸较小的再结晶晶粒；随着热轧道次的增加，热轧变形温度逐渐减低，高温下形成的固溶体在较低温度下变得过饱和，过饱和固溶体中的过饱和溶质原子逐渐脱溶析出第二相；但由于热轧时终轧温度相对较高，合金组织为伴有少量析出相存在的再结晶组织。

热轧 70% 后，S2 合金的组织主要为再结晶晶粒 [图 2-9 （c）]，组织与 S1 合金基本相同，但晶界和晶粒内部均匀分布的灰色点状第二相明显增多。而 Al 含量较高的 S3 合金热轧后组织呈现出较为明显的变形组织 [图 2-9 （d）]：晶粒沿热轧方向拉长，晶粒较小，晶粒内部分布着大量滑移带；同时，在晶界和晶粒内部可见大量第二相存在。Al 含量最高的 S4 合金热轧后组织亦呈现出明显的变形组织，晶内滑移带明显；同时，热轧

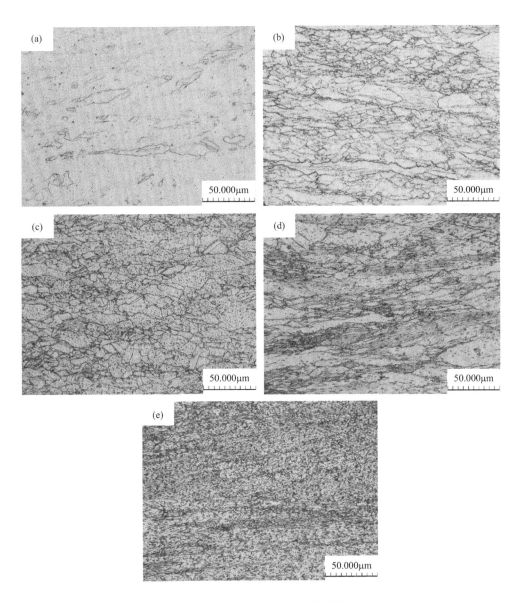

图 2-9　不同 Al 含量 Cu-Ni-Zn-Al 合金的热轧态金相组织

（a）S0；（b）S1；（c）S2；（d）S3；（e）S4

后，晶粒内部和晶界第二相粒子分布密度明显增大。由此可见，当 Al 含量逐渐增加时，尽管在高温下均可形成单一的固溶体组织，但是，在热轧过程中随着温度的逐渐降低，含 Al 合金固溶体基体的过饱和度逐渐增加，过饱和的溶质原子脱溶析出形成第二相的驱动力得以明显增大，使得热轧后合金组织中脱溶析出的第二相粒子数明显增加；同时，热轧过程中第二相粒子的析出可阻碍合金变形时位错和再结晶晶界的移动[174]，使得合金再结晶过程得以延缓，第二相体积分数越高，这种对再结晶过程的延缓作用越明显。因此，Al 含量较高的 S3 和 S4 合金热轧后再结晶程度相对较低，还保留有大量的滑移带等变形组织。

2.5.2 合金中相组成表征

为了进一步研究 Cu-Ni-Zn-Al 合金热轧 70% 后的组织结构，对该状态下不同 Al 含量的四种 Cu-Ni-Zn-Al 合金进行 X 射线衍射分析，结果如图 2-10 所示。从热轧态合金 XRD 图谱可以看出，四种不同 Al 含量的合金基体衍射峰均出现明显宽化和峰形部分畸变，这是由于在热轧过程中引入了空位、位错等缺陷和固溶原子脱溶析出引起晶格畸变而产生的。另外，除 α 固溶体基体衍射峰外，Al 含量较高的 S2、S3 和 S4 合金的 XRD 图谱中还存在第二相的衍射峰，其衍射峰相对强度随着 Al 含量的增加而逐渐增强。这充分说明，Al 含量较高的 S2、S3 和 S4 合金在热轧过程中发生过

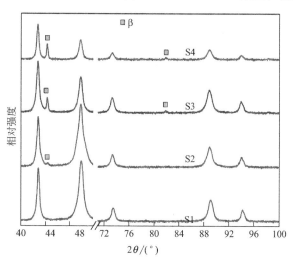

图 2-10　不同 Al 含量 Cu-Ni-Zn-Al 热轧态合金的 X 射线衍射图谱

饱和固溶体分解，析出大量的第二相粒子，而且第二相体积分数随着 Al
含量的增加而明显增大，这与相应状态下的金相组织相一致。通过对第二
相衍射峰对应的结构进行分析，可知其具有与 B2 结构的 β 相相似的结构，
说明 Cu-Ni-Zn-Al 合金中的过饱和溶质原子在热轧过程中以类似于 B2 结
构的第二相脱溶析出。

2.5.3 硬度变化规律

图 2-11 为 Cu-Ni-Zn-Al 合金热轧 70％后的显微硬度与 Al 含量的关系
曲线。与铸态合金相比，热轧后合金硬度值有大幅度提高。这是由于铸态
合金经均匀化处理后晶内成分偏析得以消除，在热轧过程中发生回复和再
结晶，使得热轧后合金晶粒尺寸比铸态晶粒尺寸明显要小，产生细晶强化
效应；同时，热轧过程冷却速率较快，Al 含量较高的合金动态再结晶过
程并未完全完成，合金内部还保留了部分变形组织，位错密度相对较高，
引起形变强化；另外，含 Al 合金在热轧过程中伴随有过饱和固溶体的分
解，过饱和固溶原子脱溶形成第二相，这些第二相粒子在变形过程中阻碍
位错的移动，引起沉淀强化；在热轧过程中脱溶析出的第二相粒子与回复
和再结晶发生交互作用，阻碍再结晶过程的发生，提升了形变强化的
效果。

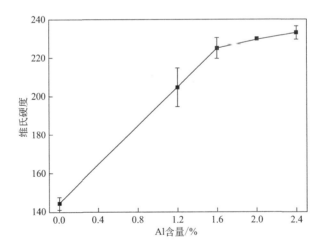

图 2-11　Cu-Ni-Zn-Al 热轧态合金中 Al 含量与维氏硬度的关系曲线

从图 2-11 中还可以明显看出，与未添加 Al 的 S0 合金（144HV）相比，添加了 Al 的四种合金显微硬度（>200HV）要高得多，且硬度值随着 Al 含量的增加而逐渐增大。这是因为 Al 含量越高，合金热轧过程中过饱和度越大，固溶强化效果更为明显；同时，热轧过程中过饱和固溶原子脱溶析出形成的第二相粒子体积分数增大，变形时位错运动遇到的阻力也就越大，合金硬度也就越高。由此可见，合金元素 Al 的添加可以大幅度提高热轧态合金的硬度，延缓合金热轧过程中的动态再结晶过程。

2.6 Cu-Ni-Zn-Al 合金固溶-冷轧态的组织结构与性能

2.6.1 合金固溶状态下的组织结构与性能

不同 Al 含量的 Cu-Ni-Zn-Al 合金在 850~950℃固溶处理 1h 后的硬度变化曲线如图 2-12 所示。从图 2-12 可知，不含 Al 的 S0 合金在该温度区间固溶处理后硬度未见明显变化（≈57HV）；在相同固溶条件下，合金的硬度值随着 Al 含量的增加而逐渐增大；在固溶处理 1h 后，含 Al 的 Cu-Ni-Zn-Al 合金硬度值随着固溶温度的升高先逐渐降低后稍有增大，在

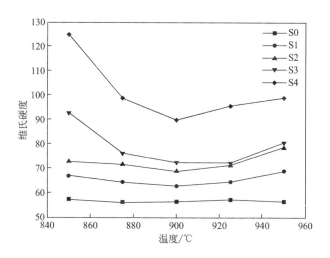

图 2-12　不同 Al 含量 Cu-Ni-Zn-Al 固溶态合金中
硬度随固溶温度变化的关系曲线

900～925℃固溶处理1h后合金的硬度值最低。这是由于固溶温度的升高，第二相粒子逐渐固溶到基体中去，使得第二相粒子的数量和密度逐渐降低；另外，随着固溶温度的提高，合金晶粒尺寸也逐渐增大，并达到一定程度；而且，基体中固溶溶质元素Al的含量也逐渐增大。根据固溶强化原理，固溶元素Al在固溶体基体中产生固溶强化。在第二相粒子密度降低、晶粒尺寸粗化和固溶原子浓度增大的共同作用下，合金的硬度随着固溶温度的升高先降低后升高。为了更好地研究Al含量对Cu-Ni-Zn-Al合金性能的影响，采用相同的固溶处理工艺：925℃×1h＋淬火。经925℃×1h固溶处理后，Cu-Ni-Zn-Al合金金相组织将在第3章3.3.2小节中做详细分析。

2.6.2 合金的冷轧态组织结构与性能

经925℃×1h固溶处理后，对Cu-Ni-Zn-Al合金进行变形量为80%的冷轧处理，得到厚度约为1.2mm的冷轧板材。图2-13和图2-14分别为五种不同Al含量Cu-Ni-Zn-Al合金冷轧态的金相组织（纵侧面）及硬度曲线。从图2-13可以得知，经80%冷轧变形后，合金组织均为典型的冷变形组织，分布有大量的变形滑移带及位错。而且，Al含量增高，冷轧合金滑移带及位错密度稍有增加，但增加幅度并不十分明显。这是因为经高温固溶淬水处理后，合金元素Al均完全或近似完全固溶到合金固溶体基体中，对随后冷变形组织影响并不明显。

对固溶处理后的合金进行80%的冷轧，大幅度地提高了Cu-Ni-Zn-Al合金的硬度，产生了明显的形变强化效果。从图2-12和图2-14可知，形变强化引起合金硬度增值分别达到131HV（S0）、146HV（S1）、150HV（S2）、149HV（S3）和139HV（S4）。根据位错强化理论，金属变形的主要方式是位错的运动。在冷轧过程中，合金内部位错大量增殖，位错在运动过程中彼此交截，形成割阶，使位错的可动性减小；许多位错交互作用后，缠结在一起形成位错结，使位错运动变得十分困难，从而产生形变强化。冷轧变形产生的形变强化及固溶原子产生的固溶强化是冷轧态合金强化的主要来源。对于Cu-Ni-Zn-Al合金来说，Al含量越高，固溶原子浓度越大，固溶强化效果更为明显（图2-12）。在固溶强化和形变强化协同作用下，冷轧态Cu-Ni-Zn-Al合金的硬度随着Al含量的增加呈增大趋势（图2-14）。

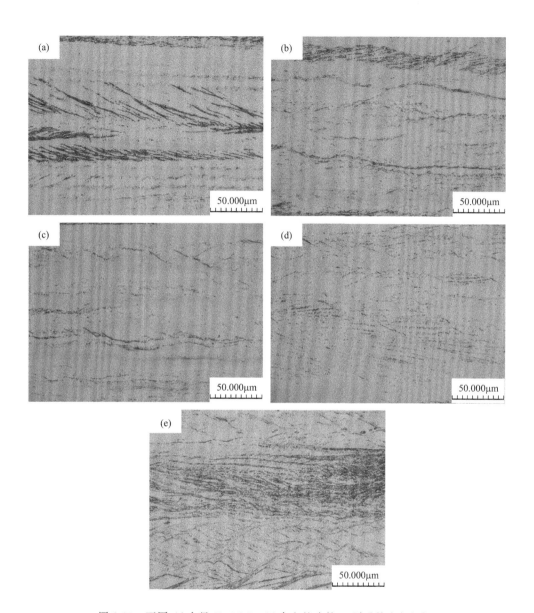

图 2-13　不同 Al 含量 Cu-Ni-Zn-Al 合金的冷轧 80％后的金相组织

（a）S0；（b）S1；（c）S2；（d）S3；（e）S4

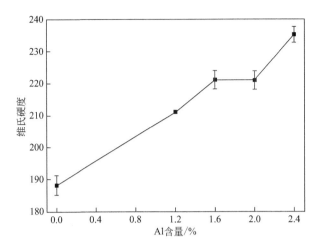

图 2-14　Cu-Ni-Zn-Al 冷轧态合金中 Al 含量与维氏硬度的关系曲线

　高强导电镍黄铜合金

第**3**章

含 Al 镍黄铜合金的固溶-时效强化

3.1 引言

第 2 章的研究表明，含 Al 镍黄铜合金经固溶处理后进行热轧变形时析出了大量的第二相，使合金硬度与未添加 Al 的 Cu-Ni-Zn 相比得到明显增大，反映了 Cu-Ni-Zn-Al 合金为可时效析出强化型合金，合金元素 Al 对 Cu-Ni-Zn-Al 合金的时效析出强化起到主要作用。时效析出强化是 Cu 合金获得高强度的主要手段之一，本章就不同 Al 含量 Cu-Ni-Zn-Al 合金在固溶-时效过程中组织、性能的变化进行详细的观察与分析，并阐述 Cu-Ni-Zn-Al 合金在固溶-时效过程中析出相的组织结构演变规律及析出硬化机理[175]。

3.2 Cu-Ni-Zn-Al 合金固溶-时效时的性能

3.2.1 Cu-Ni-Zn-Al 合金固溶-时效时的力学性能

3.2.1.1 等时时效时的硬度

经 925℃×1h 固溶处理后，不同 Al 含量 Cu-Ni-Zn-Al 合金在不同温度时效 1h 后硬度的变化曲线如图 3-1 所示。从图 3-1 可以看出，固溶状态下，Cu-Ni-Zn-Al 合金的硬度较低，但其硬度值随着 Al 含量的增加而逐渐增大，Al 含量对 Cu-Ni-Zn-Al 合金固溶-时效时硬度的影响非常明显。

在时效过程中，未添加合金元素 Al 的 S0 合金的显微硬度并不随时效温度的变化而变化，其显微硬度值保持在 57HV 左右，并没有时效硬化的迹象。但添加有合金元素 Al 的 S1～S4 合金均表现出强烈的、相似的时效

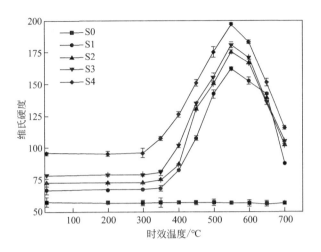

图 3-1　不同 Al 含量的 Cu-Ni-Zn-Al 固溶合金时效 1h 后维氏硬度值与时效温度的关系曲线

硬化行为，其硬度增值在 550℃时效 1h 时均达到峰值，硬度得到大幅度提高，表明添加有 Al 的 Cu-Ni-Zn-Al 合金具有明显的时效硬化效应，进一步说明了时效硬化效应主要由合金元素 Al 引起。

在较低温度（≤350℃）进行等时时效时，Al 含量较低的 S1～S3 合金显微硬度值未见明显变化，而 Al 含量最高（2.4%）的 S4 合金在 350℃时效 1h 后出现较为明显的时效硬化现象，表明 Al 含量的增加提高了Cu-Ni-Zn-Al 合金的低温时效硬化敏感性。当时效温度较高（≥350℃）时，含 Al 合金的硬度增值随着时效温度的升高而迅速增加。在相同的时效条件下，Al 含量越高，Cu-Ni-Zn-Al 合金的硬度值越高，表明 Al 含量的增加使合金的强度得到较大程度的提高。在 550℃时效 1h 时，含 Al 合金的硬度增值均达到峰值，S1～S4 合金的硬度值分别达到 162HV、175HV、181HV 和 197HV，与各自固溶状态相比硬度分别增加了 95HV、102HV、102HV 和 101HV，增幅分别达 142%、140%、129% 和 105%。这充分表明 Al 含量为 1.2%～2.4% 的 Cu-Ni-Zn-Al 合金为典型的时效强化型合金，具有相当强烈的时效强化效应。随着时效温度的进一步升高，Cu-Ni-Zn-Al 合金的硬度增值逐渐降低，表明过高的时效温度使得合金快速进入过时效状态，不利于时效析出硬化的充分发挥；与 550℃时效 1h 相比，合金硬度的降低幅度在 650℃前随着 Al 含量的增加而逐渐增大，表明Cu-Ni-Zn-Al 合金对过时效的敏感性随着 Al 含量的增加而逐渐增加。综上所述，为了得到较好的力学性能，经固溶处理后合金合适的时效温度区间为 450~550℃。

3.2.1.2 等温时效时的硬度

经 925℃×1h 固溶处理后，对四种不同 Al 含量 Cu-Ni-Zn-Al 合金在450~550℃进行等温时效处理，各合金显微硬度随时效时间的变化曲线如图 3-2 所示。作为对比，未添加合金元素 Al 的 S0 合金在 500℃ 等温时效时的硬度变化情况如图 3-2 （b）所示，结果表明，S0 合金在时效过程中无时效硬化效应。从图 3-2 中可以看出，四种含 Al 固溶合金 Cu-Ni-Zn-Al在 450~550℃ 等温时效过程中均表现出强烈的时效硬化效应，其时效硬化速率随着时效温度的升高而迅速加快，合金达到时效峰值所需要的时间也逐渐降低，但对应的峰值硬度亦逐渐下降。

在 450℃ 等温时效条件下 ［图 3-2 （a）］，Cu-Ni-Zn-Al 固溶合金的硬度随着时效时间的延长而逐渐增大；同时，在相同时效条件下，合金硬度随着 Al 含量的增加而增大；Al 含量较低的 S1 和 S2 合金硬度在时效 256h仍然未见峰值，其对应的硬度值分别为 195HV 和 202HV，时效强化硬度增值高达 128HV 和 129HV （图 3-3）。Al 含量较高的 S3 合金时效 128h时达到硬度峰值，为 212HV，时效硬化增值为 133HV，而 Al 含量最高的S4 固溶合金在 450℃ 时效 64h 时即达到峰时效，对应的硬度值为 231HV，相比固溶状态的硬度值增加了 135HV。测量所得的硬度值增值 ΔH_N ［GPa］可以通过式(3-1) 转换成合金的屈服强度增值 $\Delta\sigma_\gamma$ ［MPa］[176]：

$$\Delta\sigma_\gamma[\text{MPa}]=274\Delta H_N[\text{GPa}] \tag{3-1}$$

将显微硬度单位 HV 乘以 0.009807 即可转化成国际单位 GPa。不同 Al 含量 Cu-Ni-Zn-Al 固溶合金在 450℃ 时效 64~256h 时硬度增值为 128~135HV （图 3-3），转化后的屈服强度增值达到 344~363MPa。由此可见，Cu-Ni-Zn-Al 合金在固溶时效过程中具有非常强烈的时效强化效应，且其时效强化效应随 Al 含量的增加而逐渐增大。

在 500℃ 时效条件下 ［图 3-2 （b）］，含 Al 合金也表现出强烈的时效强化行为，其硬度值随着时效时间的延长而迅速增大，达到时效峰值后再缓慢降低。与 450℃ 时效时相比，四种 Cu-Ni-Zn-Al 合金硬度在 500℃ 时效时均达到了峰值，且达到峰值的时间明显缩短。与此同时，随着 Al 含量的增加，合金达到峰时效的时间稍有降低，峰时效硬度值逐渐增大。S1、S2 和 S3 合金在 500℃ 时效约 16h 即达到时效峰值，其硬度峰值分别

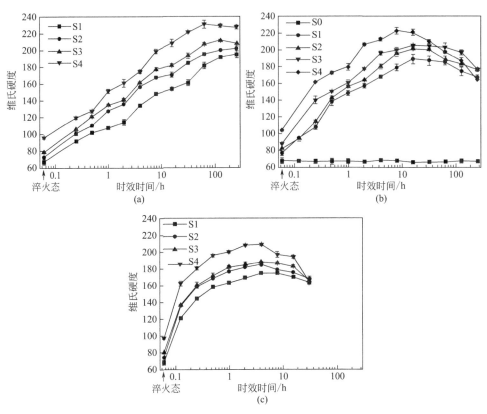

图 3-2　时效温度和时间对不同 Al 含量的 Cu-Ni-Zn-Al 固溶合金维氏硬度的影响曲线

(a) 450℃；(b) 500℃；(c) 550℃

为 185HV、198HV 和 202HV；而 Al 含量较高的 S4 合金达到时效峰值的时间约为 8h，硬度峰值达 221HV，峰时效状态下的硬度值较 450℃时效时稍有降低。达到峰值后，合金硬度在相当长的时间内保持相对稳定，随后逐渐降低，合金进入过时效状态。从图 3-2 (b) 还可以明显看出，进入过时效状态后，随着时效时间的继续延长，合金的软化速率随着 Al 含量的增加而逐渐加快。这表明提高合金元素 Al 的含量，合金峰时效的硬度得到提高，时效硬化效果得到强化，但同时也增加了合金对过时效软化的敏感性。

当时效温度升高到 550℃时 [图 3-2 (c)]，S1～S4 合金表现出与较低温时效时类似的时效硬化曲线，但时效初期合金的时效硬化速率明显增大，并在很短的时间内达到时效硬度峰值，达到峰时效的时间缩短到 4～8h，且峰值硬度较较低温度下均有明显下降。

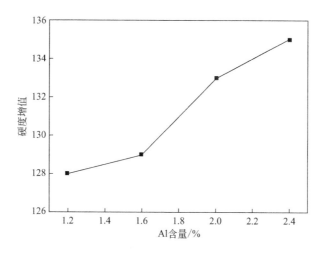

图 3-3　Cu-Ni-Zn-Al 固溶合金在 450℃峰时效硬度增值与 Al 含量的关系

3.2.2　Cu-Ni-Zn-Al 合金固溶-时效时的电导率

　　一般来说,合金的强度和电导率是一对相互矛盾的性能,提高合金元素的固溶浓度和增大冷变形程度,在产生固溶强化和形变强化来提高合金强度和硬度的同时,也因异类溶质原子、位错等缺陷密度的增加而降低合金的电导率。只有时效析出过程既能大幅度提高合金的强度,又能同时改善合金的导电性。图 3-4 为不同 Al 含量的 Cu-Ni-Zn-Al 合金在 500℃等温时效时电导率与时效时间的变化关系曲线。从图 3-4 中可以看到,Cu-Ni-Zn-Al 合金中合金化元素 Al,不仅增大了合金的硬度和时效硬化效应,还大幅度提高了合金时效处理后的电导率。

　　在固溶-淬火状态,随着 Al 含量的增加,合金固溶体中溶质原子浓度增加,合金的电导率逐渐降低,但降幅不大。在 500℃等温时效时,未添加 Al 的 S0 合金电导率保持在 9.6%IACS 左右,并不随时效时间的改变而变化,这与 S0 合金无时效硬化效应相一致,进一步表明该合金在当前热处理过程中并未发生明显的组织和性能的变化。在最初的时效过程中(≤0.125h),Al 含量最低的 S1 合金电导率出现小幅降低,Al 含量较高的 S2、S3 和 S4 合金电导率亦变化不大;但是,随着时效时间的延长,S1~S4 合金的电导率在时效初期均迅速上升;当合金达到峰时效后,其电导

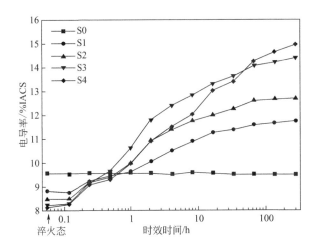

图 3-4　不同 Al 含量的 Cu-Ni-Zn-Al 固溶合金在 500℃ 等温时效时电导率变化曲线

率仍继续上升，但上升速率明显减缓，直至基本达到稳定值。

在 500℃ 等温时效 1h 后，当 Al 含量低于或接近 2.0％ 时，Cu-Ni-Zn-Al 合金的电导率随着 Al 含量的增加而逐渐增加。当 Al 含量进一步提高到 2.4％ 时，S4 在达到峰时效（500℃×8h）之前其电导率比同等状态下 S3 合金的电导率稍低；但在峰时效时间和过时效阶段 S4 合金电导率的增速稍有加快；进入过时效状态后（32h）其电导率又高于 S3 合金。在 500℃ 等温时效时，S1、S2、S3 和 S4 合金的电导率在峰时效状态下分别为 11.27％IACS、12.01％IACS、13.30％IACS 和 12.03％IACS；当时效时间延长到 256h 时，其电导率分别达到 11.76％IACS、12.68％IACS、14.61％IACS 和 14.93％IACS，均比未添加 Al 的 S0 合金的电导率要高得多。

3.3　Cu-Ni-Zn-Al 合金固溶-时效过程中的组织结构

对 Cu-Ni-Zn-Al 合金固溶时效过程中硬度及电导率的研究表明，Cu-Ni-Zn-Al 合金为典型时效析出强化型合金，合金性能在时效早期变化比较显著。众所周知，合金性能的变化主要是由微观组织结构的变化而引起的。时效析出过程是一个扩散的过程，析出程度，析出物的类型、分布和形状，以及组织特点，都取决于时效的温度和时间、合金的性质及组元。

因此，本节就 Cu-Ni-Zn-Al 合金在固溶-时效过程中组织的演变，尤其是析出相的种类、结构和形貌的演变进行深入的观察，以求研究和探讨 Cu-Ni-Zn-Al 合金在固溶-时效过程中组织的演变规律及时效析出强化机理。

3.3.1 合金中相组成表征

3.3.1.1 等时时效时的合金中相组成

经 925℃×1h 固溶处理后，Cu-Ni-Zn-Al 合金在不同温度时效 1h 后的 XRD 图谱如图 3-5 所示；根据合金基体高角度特征衍射峰（311）$_\alpha$，采用最小二乘法对晶格常数进行计算，得出基体晶格常数与时效温度的关系曲线如图 3-6 所示。

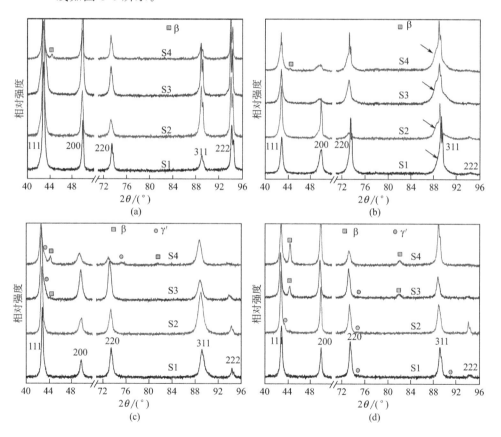

图 3-5　不同 Al 含量 Cu-Ni-Zn-Al 固溶合金在不同温度时效 1h 后的 XRD 图谱

（a）25℃；（b）500℃；（c）600℃；（d）700℃

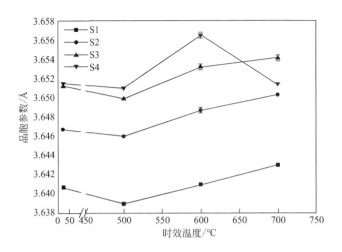

图 3-6　不同 Al 含量 Cu-Ni-Zn-Al 合金固溶处理后在不同温度
时效 1h 时晶格常数变化规律

在固溶处理状态 [图 3-5（a）]，S1、S2 和 S3 合金的 XRD 图谱为 α 固溶体基体衍射峰，未见明显的第二相的衍射峰，表明其所有合金成分均完全固溶到 α 固溶体基体中。而 Al 含量最高的 S4 合金 X 射线衍射图谱中除 α 固溶体基体的衍射峰外，还存在一个较弱的第二相的衍射峰。结合 Cu-Ni-Al 合金相图[169] 和能谱分析（见图 3-19），经查检 PDF 卡片可以得知，其结构与 β-NiAl 相结构（有序立方 B2 结构）相似，这说明 S4 合金在 925℃×1h 固溶处理后仍有少量 Al 未完全固溶到基体中，并以 B2 结构相的形式存在。根据 Cu-Ni-Zn 三元系各温度下的等温相图[169]，S0 合金为单一的 α 固溶体，在低于熔点的温度下进行保温处理并无任何相变产生；而且，经高温固溶、淬水处理后，在较低的 200～700℃热处理时合金组织并不发生明显的变化。当向 S0 合金中添加少量 Al，经高温固溶-淬水处理后，Al 原子固溶在 α 固溶体基体中，使得合金 Cu-Ni-Zn-Al 形成过饱和固溶体组织。根据 900℃的 Cu-Ni-Al 三元等温相图[169] [图 3-7（a）]，900℃时 Al 在 α 固溶体中具有相当的固溶度，而且含 Al 镍黄铜的合金成分均落在单相区间内，合金在 925℃×1h 固溶后可得到单一 α 固溶体。Al 含量最高的 S4 合金组织中还有少量第二相存在，说明合金元素并未完全固溶到 α 固溶体基体中。

从固溶状态合金基体的 XRD 图谱 [图 3-5（a）]还可以看出，随着合金元素 Al 含量的增加，合金基体衍射峰（111）下半部分出现峰形宽化，

而且 α 固溶体基体的晶胞参数逐渐增大（图 3-6）。这是由于 Al 原子半径（0.182nm）比固溶体中其他合金元素的原子半径（Cu 为 0.157nm；Ni 为 0.162nm；Zn 为 0.153nm）均要大得多，其晶格常数亦较大，而 Al 具有与 α 固溶体相同的结构类型；当 Al 原子固溶到 α 固溶体中时，使得 α 固溶体晶格常数随 Al 含量的增加而增大。大原子半径的 Al 的固溶引起 α 固溶体点阵畸变，这些畸变与 X 射线发生作用而引起额外衍射，即出现黄漫散射，相应地其衍射峰出现宽化。当固溶的 Al 原子越多，固溶体基体的晶胞参数也就变得越大，也说明了 Al 原子固溶到固溶体基体后形成置换式固溶体。图 3-6 中固溶状态合金的晶胞参数与 Al 原子固溶到固溶体基体中的程度基本符合 Vegard 定律[177]，即固溶体的晶格参数与组分（固溶浓度）近似呈线性关系；S4 固溶合金因合金元素 Al 并未固溶完全，使得其晶格参数在 S3 合金的基础上变化不大。

在 500℃ 时效 1h 后［图 3-5（b）］，四种不同 Al 含量 Cu-Ni-Zn-Al 合金的 XRD 图谱中均未见明显的新相衍射峰出现，但固溶体基体的衍射峰下半部分均出现明显的宽化和峰形畸变［如图 3-5（b）中箭头所指，其中（311）$_\alpha$ 基体衍射峰表现得尤其明显。XRD 图谱中衍射峰的这种特殊宽化亦可以看成是析出相逐渐析出的标志，宽化的程度亦可以表征时效初期析出相析出的动力学过程，这在稍后对合金等温时效时的 X 射线衍射图谱变化分析（3.3.1.2）中将做详细研究和分析。

在较高温度（600℃）时效 1h 后［图 3-5（c）］，固溶体基体衍射峰均出现严重宽化，但不同 Al 含量的 Cu-Ni-Zn-Al 合金表现出不同的 XRD 衍射特征。Al 含量较低的 S1 和 S2 合金的 XRD 图谱中仍然只有固溶体基体的衍射峰出现，且其衍射峰仍出现明显的宽化现象；而 Al 含量较高的 S3 和 S4 合金除宽化的基体衍射峰外，还出现具有有序立方 B2 结构的 β 相及具有 L1$_2$ 型有序立方 Cu$_3$Au 结构的 γ′ 析出相衍射峰，且 S4 合金中 β 相衍射峰相对强度稍有增大。

当时效温度进一步升高到 700℃ 时，由于 Al 原子在固溶体中的固溶度稍有增大，固溶体基体的相对过饱和度相对降低，且溶质原子析出时产生的基体畸变和应力因高温退火而相对容易消除，使得固溶体基体衍射峰相对较尖锐，宽化程度较小，如图 3-5（d）所示。在 700℃ 时效 1h 后，四种含 Al 合金的 XRD 图谱中除基体衍射峰外均有不同强度的第二相衍射峰出现，而且第二相衍射峰对应的析出相种类和结构均与合金中的 Al 含量有关。通过对合金的 XRD 图谱进行分析，可以得知，在该时效状态下，

S1 合金的析出相衍射峰并不明显，仅有少量的 Cu_3Au 结构 γ′相析出相存在；而 S2 合金析出两种结构的相：$L1_2$ 型有序立方 Cu_3Au 结构 γ′相和有序立方 B2 结构 β相，且以 γ′相为主；而 Al 含量较高的 S3 和 S4 合金的析出相主要是有序立方 B2 结构 β相。

通过对等时时效过程中合金 X 射线衍射图谱的分析，可以得知，Cu-Ni-Zn-Al 合金在时效析出过程中析出相结构、类型与合金元素 Al 的含量（质量分数）存在非常密切的关系。从 500℃ 的 Cu-Ni-Al 三元等温相图[169][图 3-7（b）]中具有与本合金类似成分的区域中可以得知，Al 含量较低时（S1 和 S2 合金），合金成分可能落在 α+γ′（Ni_3Al）两相区中偏 α 单相区端，具有 $L1_2$ 有序结构的 γ′（Ni_3Al）相为合金在该温度下的平衡相。而 Al 含量较高时（S3 和 S4），合金成分转移到 α+γ′（Ni_3Al）两相区中偏 α+β（NiAl）+γ′（Ni_3Al）三相区端，在该温度下时效初期析出具有平衡成分的 $L1_2$ 型 γ′（Ni_3Al）有序相；随着时效时 Ni 和 Al 从基体中的逐渐析出，基体中 Ni 和 Al 的含量逐渐降低，基体成分将逐渐向 α+β（NiAl）+γ′（Ni_3Al）三相区转移，因此，在时效进行一段时间后，将可能析出 B2 型 β相，使得合金在析出平衡（完全过时效）状态下的析出相以 β（NiAl）+γ′（Ni_3Al）共存。由于合金组元较多，而合金元素 Cu 和 Zn 均可部分固溶到 $L1_2$ 结构和 B2 结构[178-182] 中，形成成分比较复杂的 $L1_2$ 有序的 γ′相和 B2 结构的 β相。

从合金固溶体基体的晶格常数来看（图 3-6），四种 Cu-Ni-Zn-Al 合金在 500℃时效 1h 后基体晶格常数均稍有减小，而在 500～700℃时效温度范围内晶格常数发生较大变化。图 3-6 表明，合金固溶体中溶质原子浓度在时效过程中发生较大变化，溶质原子以析出相的形式析出，析出相的析出速率与时效温度有关。众所周知，合金元素 Al 和 Ni 对铜基 α 固溶体基体的晶格常数影响规律相反，Al 原子的晶格常数和原子半径均比铜基固溶体的要大，固溶体基体晶格常数随着 Al 含量的增加而逐渐增大；而 Ni 原子晶格常数较小，铜基 α 固溶体基体的晶格常数随着 Ni 含量的增加而逐渐降低。由于溶质原子 Ni 和 Al 在时效最初期从过饱和固溶体基体中逐渐富集，固溶体中 Ni 和 Al 含量逐渐降低，Al 含量的降低引起固溶体基体晶格常数的降低，而 Ni 含量的降低引起晶格常数的增大。

在低温时效初期（500℃），由于 Al 原子在固溶体基体中呈过饱和状态，Al 原子优先在固溶体中富集，引起固溶体晶格常数的降低，且其引起晶格常数减小的程度较 Ni 原子富集引起的晶格常数增大的程度要稍大，

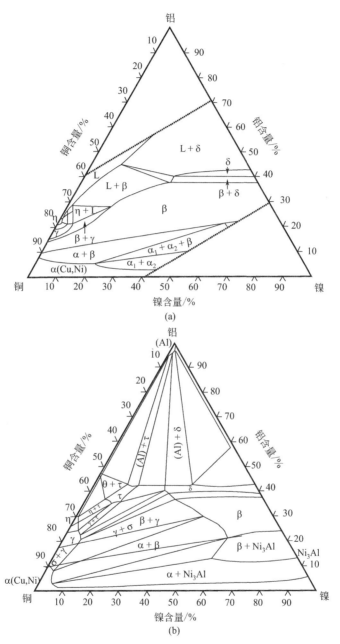

图 3-7　Cu-Ni-Al 三元合金等温相图[169]

（a）900℃；（b）500℃

从而使合金固溶体基体的晶格参数稍有降低。

在 600℃时效 1h 后，合金固溶体基体的晶胞参数均稍有增大，且增幅随着合金中 Al 含量的增大而稍有增加，Al 含量最高的 S4 合金的晶格常数增幅最大。这是因为，在 600℃时效 1h 后，过饱和固溶体中的溶质原子 Ni 和 Al 同时脱溶析出，并以具有 L1$_2$ 型有序立方 Cu$_3$Au 结构 γ′(Ni$_3$Al) 相的形式析出，使得 Ni 和 Al 溶质原子大量析出，由于析出相中 Ni 原子分数为 Al 原子的三倍左右，引起固溶体基体晶格常数的增大程度比 Al 的析出引起的晶格常数减小的程度要大；在两者的同时作用下，基体晶格常数呈现增大趋势。在相同的时效条件下，随着 Al 含量的增加，合金固溶体过饱和程度增加，固溶原子析出动力增大，析出速率明显增加，导致合金基体晶格常数增大的程度也就越大。

当时效温度提高到 700℃时，XRD 分析结果显示，Al 含量较低的 S1 和 S2 合金的析出相主要是 γ′相。在该温度下时效 1h 后，S1 和 S2 合金中析出的 γ′相体积分数较低温时效时有明显增加，因而合金固溶体基体晶格常数继续增大；而 Al 含量较高的 S3 合金在该温度下时效 1h 后，γ′相和 β 相两种析出相同时存在，且 β（NiAl）相相对积分强度明显增加，导致析出的 Ni 与 Al 的原子数比相对有所降低，因此该合金固溶体基体晶格常数的增幅相对较小；而 Al 含量最高的 S4 合金的析出相主要为 β 相，析出过程中 Al 析出引起的晶格常数降低与 Ni 析出引起的晶格常数增大近似平衡，使得 S4 合金在 700℃时效 1h 后基体晶格常数与固溶状态相比变化不大。总之，合金固溶体基体的晶格常数与时效析出相的相组成和体积分数紧密相关。

3.3.1.2 等温时效时的合金中相组成

不同 Al 含量的 Cu-Ni-Zn-Al 合金经固溶、淬水处理后在 500℃时效不同时间的 XRD 图谱如图 3-5（b）和图 3-8 所示，根据合金固溶体基体衍射峰计算得出的晶胞参数见图 3-9。前面对不同 Al 含量合金在固溶状态和 500℃时效 1h 后 XRD 图谱的分析结果显示，固溶处理后的 Cu-Ni-Zn-Al 合金在 500℃时效 1h 时，X 射线衍射图谱中未见明显的新生析出相衍射峰出现，但基体衍射峰均因第二相粒子的析出而产生晶格畸变导致峰形宽化。

当时效时间延长到 16h 时，合金固溶体基体的（311）$_α$ 衍射峰宽化程度明显加大，（111）$_α$ 衍射峰偏高角度侧出现峰形分离 [图 3-8（a）]，反映出固溶体基体晶胞参数较欠时效（1h）和时效前（25℃）均有增大（图 3-9）。当时效时间延长到 256h 时，Cu-Ni-Zn-Al 合金已经处于完全过时效状态。此时，Al 含量较低的 S1 和 S2 合金固溶体基体的衍射峰宽化更加严重，而 Al 含量较高的 S3 和 S4 合金基体衍射峰变得明显尖锐。在过时效状态，除了基体衍射峰外，四种 Cu-Ni-Zn-Al 合金中都出现了新的第二相衍射峰［图 3-8（b）］。经对第二相衍射峰进行拟合和分析，可以得知，S1 和 S2 合金的析出相具有 $L1_2$ 型有序立方 Cu_3Au 结构，且 S2 合金的第二相的衍射峰（220）峰位较 S1 合金中相应的衍射峰的峰位稍大，表明其晶格常数存在差异。500℃的 Cu-Ni-Al[169] 三元等温相图中与研究合金 Cu-Ni-Zn-Al 相似成分的合金区域落在 $\alpha + Ni_3Al$（即 γ' 相）双相区内，而 Ni_3Al 即具有 $L1_2$ 型有序立方 Cu_3Au 结构。但是，根据析出相衍射峰，采用最小二乘法精确对析出相晶格常数进行计算显示，析出相的晶格常数比 Ni_3Al 的晶格常数（$a = 3.572$Å）稍大，且不同 Al 含量合金时效析出的 γ' 相晶格常数稍有不同。文献［178-181］表明，Cu 和 Zn 原子均可以部分固溶到 $L1_2$ 型 γ'-Ni_3Al 有序结构中，使 γ' 相晶格常数随 Cu、Zn 原子浓度的增加而增大。由此可以得知，S1 和 S2 合金在过时效状态的析出相为具有 $L1_2$ 型有序立方 Cu_3Au 结构 γ' 相，该相富 Ni 和 Al，同时还可能固溶了少量的 Cu 和 Zn；由于 γ' 相中固溶的 Cu 和 Zn 的量不同而导致其晶格参数稍有差异。当 Al 含量逐渐增大时，过时效状态下合金析出相的结构和组成均发生了明显变化。S3 合金中析出相衍射峰具有两种结构，分别为 $L1_2$ 有序立方结构和 B2 结构；而 Al 含量最高的 S4 合金的析出相结构以 B2 结构为主，仅见微弱的 $L1_2$ 有序立方结构相的衍射峰出现［图 3-8（b）］。

以上结果表明，在 500℃等温时效过程中，不同 Al 含量 Cu-Ni-Zn-Al 合金的时效析出产物存在明显差别：当 Al 含量较低（1.2%）时，时效析出产物为 $L1_2$ 型有序立方 Cu_3Au 结构 γ' 相，该相成分复杂，为掺有一定 Cu 和 Zn 原子的 Ni_3Al；Al 含量为 1.6% 时，时效析出产物与 S1 合金相差不大，但在时效后期出现少量 B2 结构的 β 相析出；当 Al 含量进一步增加时，时效初期析出相仍为 γ' 相，但在时效后期 β 相体积分数明显增加，而 γ' 相体积分数逐渐降低，Al 含量最高（2.4%）的 S4 合金时效后期的析出相以 β 相为主。

通过对在 500℃时效不同时间后合金固溶体基体晶胞参数进行分析（图 3-9），可以发现：合金时效初期（1h），固溶体基体晶胞参数稍有减

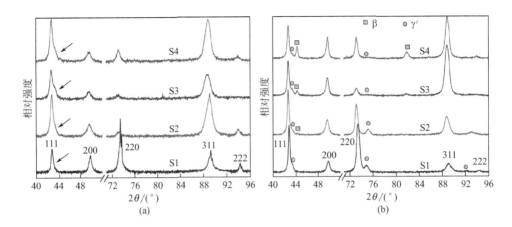

图 3-8　不同 Al 含量的 Cu-Ni-Zn-Al 合金经固溶处理后在 500℃时效不同时间时的 XRD 图谱

(a) 峰时效 (16h)；(b) 过时效 (256h)

小；当时效时间进一步延长到接近峰时效或到达峰时效以后，随着 L1$_2$ 有序立方结构的 γ' 相逐渐析出，固溶体基体晶胞参数又逐渐增大；但当合金进入过时效状态且析出 B2 结构的 β 相时，固溶体基体的晶胞参数增大幅度明显下降，当合金中的析出相主要是 B2 结构的 β 相时，基体晶格常数与固溶状态相比变化不大。引起等温时效过程中的合金固溶体基体晶格常数如此变化的原因与等时时效过程中的相同。

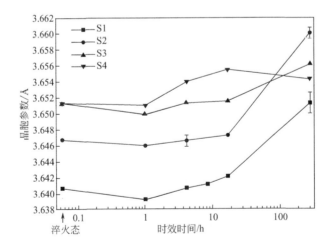

图 3-9　不同 Al 含量 Cu-Ni-Zn-Al 合金固溶处理后在 500℃等温时效时不同时间的晶格常数

从以上的 X 射线衍射分析中可以得知，不同 Al 含量 Cu-Ni-Zn-Al 合金在时效过程中固溶体基体衍射峰均出现宽化和峰形畸变现象，这种现象随着时效时间的延长而发生改变，在峰时效状态下尤其明显。其实，Cu-Ni-Zn-Al 合金在时效析出过程中 X 射线衍射峰的宽化现象在 Cu-Be-Co 合金[170]、Fe 基合金[183] 和 Al-Mg-Cu 合金[184] 等其他合金体系中均有发现。对于某些时效强化型合金来说，在时效析出过程中，溶质原子聚集并形核、析出第二相粒子，这些析出相粒子在时效初期与基体保持共格或半共格界面，但析出相粒子的晶格常数与基体晶格常数存在一定的错配度，使得析出相粒子周边的固溶体基体产生晶格畸变，畸变区随着时效时间的延长而逐渐增大[170]。采用 X 射线对合金进行分析时，这些畸变区域对 X 射线产生的漫散射，使基体衍射峰产生特定的宽化，使得基体衍射峰由三个部分组成：Bragg 衍射峰、静漫散射（static diffuse scattering）和准线性散射（quasi-linear scattering）[170,185]，如图 3-10（d）所示。这三部分衍射峰的相对积分强度分别为[170]：

$$\text{Bragg 衍射(B)：} e^{-2M} \tag{3-2}$$

$$\text{静漫散射(SD)：} 2Me^{-2M} \tag{3-3}$$

$$\text{准线性散射(Q)：} 1-e^{-2M}-2Me^{-2M} \tag{3-4}$$

式中，$2M$ 为衰减指数因子。固溶体基体析出相析出时产生的畸变区域越大，倒易空间中衍射峰峰强越大，$2M$ 值也就越大。Bragg 衍射峰与合金基体晶格常数和晶粒尺寸等有关，而与析出相的尺寸和数量无关；SD 衍射峰和 Q 衍射峰是由漫散射引起的，SD 衍射峰主要是黄漫散射，与基体中的固溶原子和空位等缺陷有关；Q 衍射峰主要与基体中析出相产生的畸变有关，其积分强度随着畸变区的增大而增强，而且峰位相对于 Bragg 衍射峰偏移较大。在固溶-淬水状态下，合金 X 射线衍射峰主要由 Bragg 衍射峰组成，亦包含有较弱的静漫散射峰。随着合金时效时间的延长，$2M$ 逐渐增大，Bragg 衍射峰的相对积分强度大幅度降低，畸变区产生的 Q 衍射峰相对强度大幅度增加，当 $2M \geqslant 5$，Q 衍射峰的相对强度占据主要部分，Bragg 峰近乎消失。

为了更深入地研究 Cu-Ni-Zn-Al 合金在时效初期共格析出相粒子引起基体晶格畸变的变化规律，以 Al 含量最低的 S1 合金为代表研究对象，对 S1 合金在 500℃时效不同时间后的固溶体基体的 X 射线峰进行检测和分析。从相应的 X 射线图谱中可以发现，α 固溶体基体 $(311)_\alpha$ 衍射峰峰形畸变程度最大，因此，选取该衍射峰进行拟合研究和分析。采用三个 Pseudo-Voigt 函数对 S1 合金固溶体基体 (311)$_\alpha$ 衍射峰的积分强度进行拟合，每个函数拟合出来的衍射峰分别代表 Bragg 峰、静漫散射峰和准线性散射峰；采用非线性 Levenberg-Marquardt 方法计算得出衰减因子 $2M$，计算结果如表 3-1 所示。

▫ 表 3-1 在 500℃时效不同时间后 S1 合金基体 (311)$_\alpha$ 衍射峰的 2M 值

时效时间/h	0	1	4	8	16	32
2M	0.14	0.75	0.97	1.09	1.49	2.80
R/%	2.51	2.38	1.88	2.56	1.70	1.26

注：R 为拟合残差。

对 (311)$_\alpha$ 衍射峰的拟合结果 (图 3-10) 显示，在固溶状态下衍射峰的积分强度主要由 Bragg 衍射和 SD 散射组成；时效初期，衍射峰中逐渐出现 Q 散射峰，SD 与 Q 散射峰的相对积分强度随着时效时间的延长而逐渐增大；当合金进入峰时效状态时，Q 散射峰占据主要积分强度，这与 R. Kužel 等[170] 的结果类似。

拟合后合金基体 (311)$_\alpha$ 衍射峰的衰减因子 $2M$ 的计算结果 (表 3-1) 显示，随着时效时间的延长，(311)$_\alpha$ 衍射峰的 $2M$ 值逐渐增大。图 3-10 和表 3-1 的结果表明，在时效初期，合金中的析出相粒子大量共格析出，并引起周边基体产生严重晶格畸变；随着时效时间的延长，这种晶格畸变的程度逐渐增大，当合金时效 4h 后，基体衍射峰主要由 Q 散射峰组成，表明合金基体中共格析出相密度逐渐增大；当合金时效 32h 时，$2M$ 值达 2.80，表明基体中共格析出而导致大量的晶格畸变。

3.3.2 金相组织

通过 Cu-Ni-Zn-Al 合金的时效硬化曲线和 XRD 图谱进行分析，可以得知，在时效处理过程中 Cu-Ni-Zn-Al 合金的性能和相组成及结构均发生非常明显的变化，同时也可以预见合金的组织及析出相形貌亦发生很大的变化。为了进一步研究时效处理过程中不同 Al 含量 Cu-Ni-Zn-Al 合金的时效析出行为，对不同时效状态的 Cu-Ni-Zn-Al 合金组织进行金相观察。

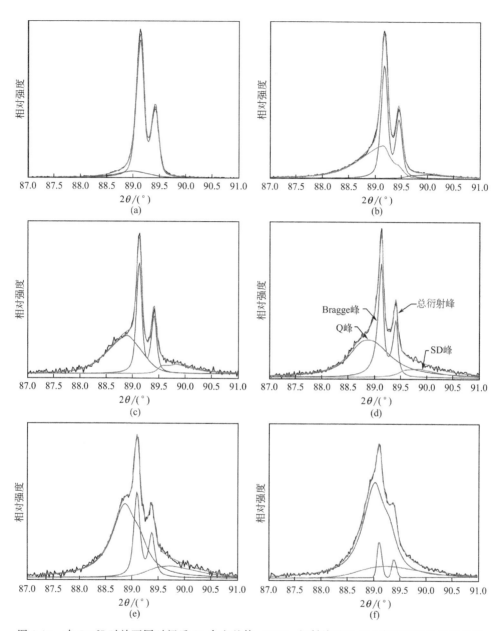

图 3-10　在 500℃时效不同时间后 S1 合金基体 (311)$_\alpha$ 衍射峰基于 2M 衰减因子的峰形分析

(a) 固溶态；(b) 1h；(c) 4h；(d) 8h；(e) 16h；(f) 32h

3.3.2.1 等时时效时的金相组织

经 925℃×1h 固溶处理后，不同 Al 含量的 Cu-Ni-Zn-Al 合金在固溶状态、500℃、600℃ 和 700℃ 时效 1h 后的金相组织分别如图 3-11～图 3-14 所示。从图中可以得知，经 925℃×1h 固溶处理后，Al 含量较低（≤2.0%）时，S1、S2 和 S3 合金固溶态组织为粗大的单相固溶体晶粒，并有退火孪晶分布在晶粒内部，未见明显的未固溶的第二相颗粒存在 [图 3-11 （a）～（c）]，表明所有合金元素都固溶进入 α 固溶体基体中，淬水后形成单一的过饱和 α 固溶体。Al 含量较高的 S4 合金的固溶体基体晶粒明显较细，且在晶界处偶见未完全固溶的第二相粒子存在。这与合金固溶状态下的 X 射线衍射分析结果相一致，S4 固溶合金中晶界处的第二相为 β 相。

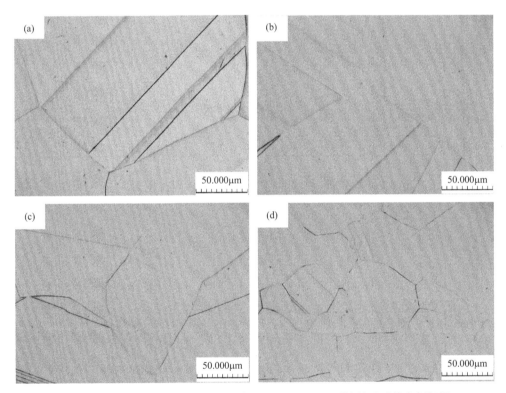

图 3-11　不同 Al 含量 Cu-Ni-Zn-Al 合金经 925℃×1h 固溶处理后的金相组织

(a) S1；(b) S2；(c) S3；(d) S4

固溶处理后的 Cu-Ni-Zn-Al 合金在 500℃时效 1h 后，Al 含量最低的 S1 合金宏观金相组织未见明显变化［图 3-12（a）］，而 Al 含量较高的 S2、S3 和 S4 合金经浸蚀液浸蚀后在晶粒内部出现线状浸蚀条纹［图 3-12（b）~（d）］，但未见明显的析出相存在，表明在该状态下合金内部微观组织发生变化，使其对浸蚀有着明显的反应。这是因为，在时效过程中，过饱和固溶原子从过饱和固溶体脱溶并共格析出，析出相粒子与基体晶格错配而引起析出相周边基体晶格畸变，产生一定的应力，使得合金在浸蚀剂的作用下出现一定规律的浸蚀痕迹，这与相应状态下合金基体 X 射线衍射峰峰形发生畸变相一致。Al 含量越高，合金固溶体过饱和度也就越大，使得相同时效状态下析出相体积分数越大，引起基体晶格畸变程度也就越大，在浸蚀后表现出的衬度也就越明显。

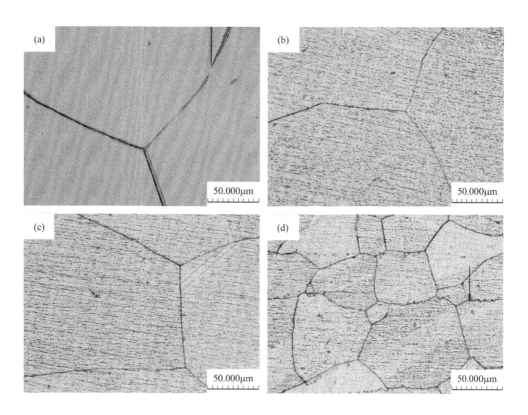

图 3-12　不同 Al 含量 Cu-Ni-Zn-Al 合金固溶处理后在 500℃时效 1h 后的金相组织

（a）S1；（b）S2；（c）S3；（d）S4

当时效温度升高到 600℃时，S1 合金组织也出现明显的浸蚀间断条纹
[图 3-13 (a)]，而 S2 合金组织的浸蚀条纹进一步加深 [图 3-13 (b)]，表明 S1 和 S2 合金中析出相引起的晶格畸变明显增大。而 S3 和 S4 合金组织中浸蚀条纹变得模糊，且浸蚀后合金晶粒内部出现大量细小、分布均匀的衬度黑点 [图 3-13 (c) 和 (d)]，晶界处均出现明显的条片状析出相和不连续沉淀晶胞 [图 3-13 (c) 和 (d) 中箭头所指之处]。在 600℃时效 1h 后，Al 含量较高的 S3 和 S4 合金析出相可能明显长大，使得其浸蚀后呈现如图 3-13(c) 和 (d) 的衬度。这与相应状态下的 X 射线衍射图谱中 S3 和 S4 出现较为明显的 γ′ 相衍射峰 [图 3-5 (c)]相一致。在高温时效时，晶界处因缺陷能量储备高而更有利于第二相形核和长大，较早地析出脱溶相 [图 3-13 (d)]。同时，随着 Al 含量的增加，固溶体过饱和程度增大，

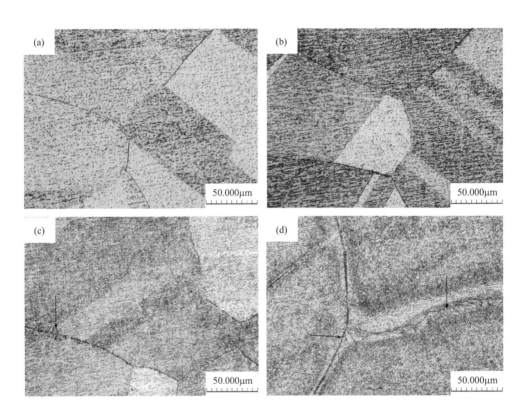

图 3-13　不同 Al 含量 Cu-Ni-Zn-Al 合金固溶处理后在 600℃时效 1h 后的金相组织

(a) S1；(b) S2；(c) S3；(d) S4

导致 Al 含量较高的 S3 和 S4 合金中发生不连续析出，且 S4 合金中不连续沉淀现象更为明显，表明 Al 含量过高、时效温度较高时会引起合金发生不连续析出。晶界不连续析出在 Cu-Be[186]、Cu-Ti[22]、Cu-Ni-Sn[88] 等合金系列中均有发生，晶界不连续析出的出现会导致合金强度、腐蚀抗力等性能的下降。因此，为了提高合金的综合性能，应尽量避免和抑制不连续形核和析出的发生。

在 700℃时效 1h 时，S1 合金晶粒内部呈现均匀的浸蚀浮凸，细小的析出相粒子在晶内及晶界处连续析出［图 3-14 （a）］；S2 合金晶粒内部除浸蚀浮凸外还存在粗大的、不均匀分布的第二相粒子，晶界内也有大量条片状第二相粒子连续析出，在晶界附近有明显的无沉淀析出带存在［图 3-14 （b）］。而 Al 含量较高的 S3 和 S4 合金在 700℃时效 1h 后表现出与低 Al 含量的 S1 和 S2 合金完全不同的组织形貌，如图 3-14（c）和 （d）所

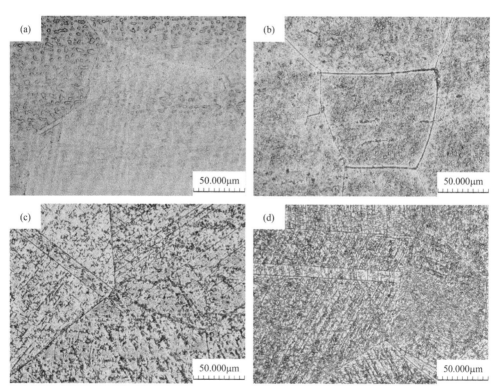

图 3-14　不同 Al 含量 Cu-Ni-Zn-Al 合金固溶处理后在 700℃时效 1h 后的金相组织
（a）S1；（b）S2；（c）S3；（d）S4

示。S3 和 S4 合金晶界和晶粒内部均匀分布大量的条片状析出相。相应的 XRD 图谱 [图 3-5 (d)]显示，在当前时效状态下，S3 和 S4 合金中存在大量具有 B2 结构的 β 相，由此可知，这些条状析出相就是 β 相粒子；同时，在晶粒内部还存在大量新形成的细小的、均匀分布的孪晶组织。通过 XRD 图谱分析可知，Cu-Ni-Zn-Al 合金在时效过程中发生析出相形核，并逐渐长大，析出相粒子与固溶体基体的晶格错配而使周边固溶体基体发生严重的畸变，从而使合金内部产生大量的微观应力。当 Al 含量较低时，析出相密度相对较低，引起周边固溶体基体畸变的程度相对较小。当 Al 含量较高时，合金组织中析出相密度大大增加，在时效初期产生的畸变和应力也大幅度增大，这些畸变、内应力在高温时效过程中又逐渐以形成孪晶的形式释放出来，从而在合金晶粒内部形成大量的、分布均匀的细小新生孪晶。Al 含量最高的 S4 合金在 700℃ 时效 1h 后的晶粒内部和晶界处的析出相密度较 S3 合金明显增大，晶粒内部新生的孪晶更加细小和均匀，孪晶密度亦有所增大 [图 3-14 (d)]。但是，在当前时效状态下，Cu-Ni-Zn-Al 合金中的析出相粒子尺寸明显长大，不利于合金硬度的提高，这与合金在相应状态下硬度相对较低相一致。

通过对 Cu-Ni-Zn-Al 合金在不同温度下等温时效 1h 后金相组织的观察和分析发现，为了能使合金在时效过程中析出细小、均匀的强化相粒子，保证合金获得较好的力学性能，固溶合金合适的时效温度应该在 500℃ 左右，这与硬度分析结果相一致。

3.3.2.2 等温时效时的金相组织

前面对四种 Cu-Ni-Zn-Al 固溶合金在不同温度时效 1h 后的金相组织进行了观察和分析，研究了不同 Al 含量 Cu-Ni-Zn-Al 合金在不同时效温度下金相组织的演变规律。为了进一步研究 Cu-Ni-Zn-Al 固溶合金在时效过程中金相组织的变化，选取在 500℃ 时效时不同时效状态的 Cu-Ni-Zn-Al 合金的金相组织进行观察和分析。

图 3-12、图 3-15 和图 3-16 分别为不同 Al 含量 Cu-Ni-Zn-Al 合金固溶处理后在 500℃ 等温时效 1h、16h 和 256h 后的金相组织照片。在 500℃ 时效 1h 时，金相组织（图 3-10）分析结果表明，S1 合金中未见明显组织变化，而 S2、S3 和 S4 合金浸蚀后的金相组织内存在大量的晶内浸蚀条纹（图 3-12）。

当时效时间延长到时效 16h 时，大量细小近似平行的晶内浸蚀条纹均匀分布在各个合金晶粒内部，且隐约见少量细小的析出相沿晶界析出。含

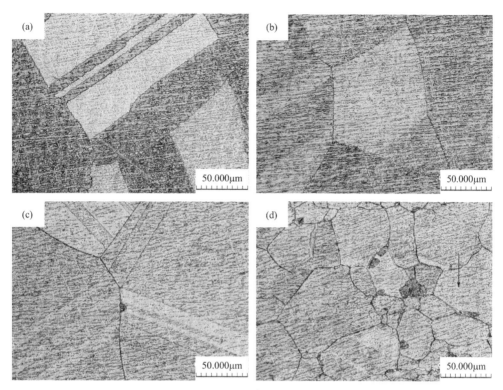

图 3-15　不同 Al 含量的 Cu-Ni-Zn-Al 合金经固溶

处理后在 500℃时效 16h 后的金相组织

(a) S1；(b) S2；(c) S3；(d) S4

　　Al 量较低的 S1 和 S2 合金在当前状态下只存在连续均匀析出，未见明显不连续析出发生 ［图 3-15 (a) 和 (b)］；而 Al 含量稍高的 S3 合金除连续析出外，在晶界处出现少量不连续析出现象 ［图 3-15 (c)］；随着 Al 含量的进一步提高，S4 合金晶界处不连续析出明显增多 ［图 3-15 (d)］，连续析出与不连续析出同时发生。

　　在 500℃时效 256h 时，四种 Cu-Ni-Zn-Al 合金均处于完全过时效状态，极易被浸蚀剂浸蚀。从完全过时效状态下的金相组织 (图 3-16) 可以得知，S1 合金的浸蚀条纹组织逐渐被淡化，呈现出晶内均匀的点状浸蚀浮凸；还隐约可见析出相在晶界处连续析出，未见不连续析出现象 ［图 3-16 (a)］；而 Al 含量相对较高的 S2 合金组织中浸蚀条纹完全转变成均匀的点状浸蚀浮凸 ［图 3-16 (b)］，并可见析出相在晶界处连续析出，在晶界处还可见轻微的不连续析出发生 ［图 3-16 (b) 中箭头所示］。随着 Al

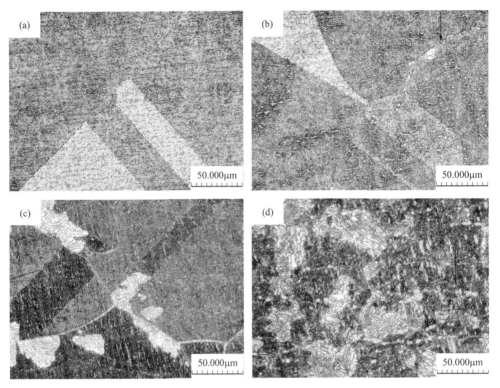

图 3-16　不同 Al 含量的 Cu-Ni-Zn-Al 合金经固溶

处理后在 500℃时效 256h 后的金相组织

(a) S1；(b) S2；(c) S3；(d) S4

含量的进一步增加，合金在过时效状态下的不连续析出程度加大。在过时效状态下，S3 和 S4 合金组织由晶内和晶界的连续析出组织以及晶界处的不连续析出胞状组织 ［图 3-16 （c）和 （d）］组成，S4 合金中不连续析出尤其严重。根据相应状态下的 XRD 分析结果，可以得知，四种不同 Al 含量的合金在时效过程中均连续析出具有 $L1_2$ 有序立方 Cu_3Au 结构的 γ' 相，而 S3 和 S4 合金在 500℃时效过程中还同时析出具有 B_2 结构的 β 相，不连续析出的产物很可能就是 B_2 结构的 β 相。

3.3.3 扫描电子显微结构

为了进一步地了解 Cu-Ni-Zn-Al 合金中析出相的形貌，经固溶处理后在 500℃等温时效 16h（峰时效）和 256h（完全过时效）后，对不同 Al 含量的 Cu-Ni-Zn-Al 合金进行扫描电子显微分析，分别如图 3-17 和图 3-18 所示。

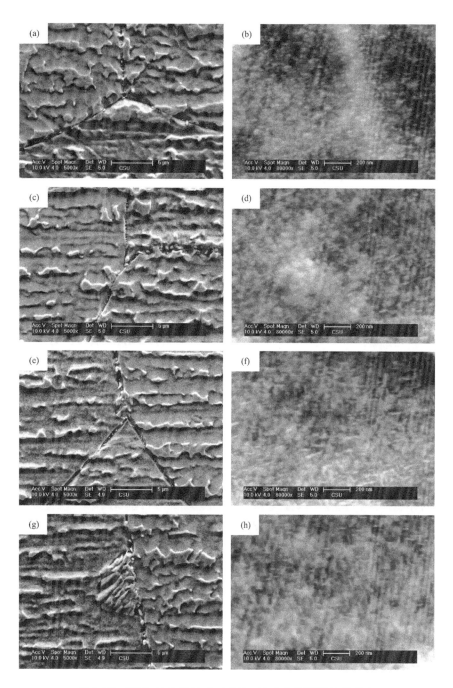

图 3-17　不同 Al 含量的 Cu-Ni-Zn-Al 合金经固溶处理后在

500℃时效 16h（峰时效）后的扫描电子显微组织

(a)(b) S1；(c)(d) S2；(e)(f) S3；(g)(h) S4

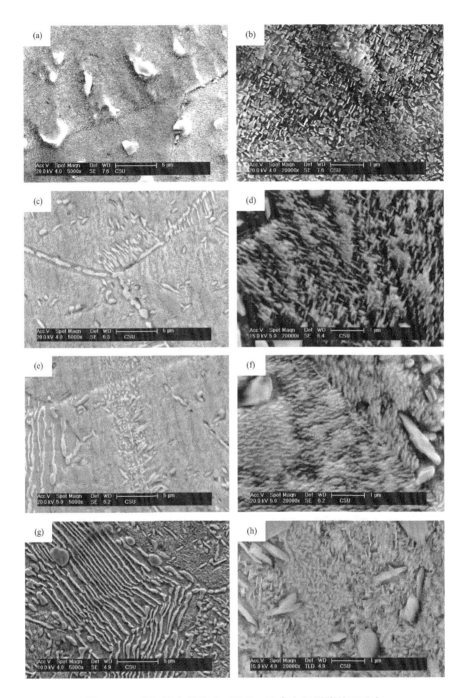

图 3-18 不同 Al 含量的 Cu-Ni-Zn-Al 合金经固溶处理后在
500℃时效 256h 后的扫描电子显微组织

(a)(b) S1；(c)(d) S2；(e)(f) S3；(g)(h) S4

从图 3-17 可以看出，经 925℃×1h 固溶、500℃等温时效 16h 后，各合金中的浸蚀条纹清晰可见，晶界还可见少量细小的棒状析出相，晶内可见大量极其细小第二相弥散析出。Al 含量较低的 S1 合金晶内析出相为点球状，尺寸均匀且极其细小，析出密度高，弥散均匀分布在晶粒内部 [图 3-17 (b)]，这与合金处于峰时效状态、硬度值较高相对应；当 Al 含量提高到 1.6% 后，S2 合金晶界析出相粒子稍有增加，晶内析出相粒子的尺寸也稍有增大，呈短棒状弥散均匀分布在基体中，析出相粒子在基体中呈规则排列，表现出与基体具有一定的位向关系。随着 Al 含量的继续增加，S3 和 S4 合金中的析出相粒子尺寸稍有增大，逐渐呈薄片状，在基体中方向性选择析出特征更加明显 [图 3-17 (f) 和 (h)]。另外，Al 含量较低的 S1 和 S2 合金在当前的时效状态下只发生了晶界和晶内的连续析出，而 Al 含量较高的 S3 和 S4 合金除连续析出外，在晶界处还存在少量不连续析出的胞状组织 [图 3-17 (e) 和 (g)]，这与合金的金相组织观察结果完全一致。

当在 500℃等温时效时间延长至 256h 时 (图 3-18)，四种 Cu-Ni-Zn-Al 合金处于完全过时效状态，晶内析出的第二相明显长大并均匀分布在晶粒内部，析出相与基体成一定的位向关系，具体位向关系在稍后的 TEM 显微组织分析中将进行详细分析。S1 合金晶界的析出相粒子明显粗化，晶内析出相呈盘片状弥散分布在晶粒内部，析出相粒子大小均匀，尺寸在 150~200nm，析出状态为晶界和晶内连续析出 [图 3-18 (a) 和 (b)]。根据相应的 XRD 图谱 [图 3-8 (b)]，S1 合金中的这种盘片状析出相即为具有 $L1_2$ 有序立方 Cu_3Au 结构的 γ' 相。在相同时效状态下，S2 合金晶界析出相粒子明显长大并呈不规则形状；晶粒内部也存在两种明显不同形貌的析出相：一种是均匀分布、尺寸均匀且细小的盘片状析出相，为主要析出相，其形貌尺寸与 S1 合金中的 γ' 相相似 [图 3-18 (d)]，另一种形貌的析出相尺寸明显粗大，达 1~2μm，呈盘片状或棒状，稀散分布在晶粒内部。S2 合金在当前时效状态 (过时效) 下，在晶界处还出现少量粗大的层片状组织 [图 3-18 (c)]。随着 Al 含量的继续增加，S3 和 S4 合金中晶内粗大析出相和晶界处不连续析出逐渐增多，但晶内连续析出细小的析出相尺寸和形貌的变化不大，均为盘片状，且均匀有序地分布在基体中。从图 3-18 中还可以看出，合金中发生不连续析出的部位并无明显的 γ' 相粒子析出，从而使得合金中的 γ' 相粒子随着不连续析出的增加而逐渐减少。结合相应的 XRD 图谱 [图 3-8 (b)]，

可以得知 S3 和 S4 合金中不连续析出产生的析出相为具有 B2 结构的
β相。

为了能初步确定合金中析出相的成分，对 S4 合金中晶界粗大析出相
和不连续析出相分别进行点能谱分析和线能谱分析。图 3-19 给出了合金
在 500℃等温时效 256h 时形成的粗大析出相的 SEM 显微形貌及其 EDAX
能谱分析结果。从析出相能谱图及原子分数中，可以得知，晶界和晶内粗
大的析出相主要由 Al 和 Ni 组成，还含有少量的 Cu 和极少量的 Zn。值得
注意的是，Cu、Al 原子分数之和与 Ni、Zn 原子分数之和相等，均为
50％左右；结合图 3-8 中 S4 合金过时效状态的 XRD 图谱［图 3-8（b）］分
析结果，初步确定该析出相粒子为具有 B2 结构的 β 相粒子，其组分可写
成（$Ni_x Zn_{1-x}$）（$Al_y Cu_{1-y}$）。有文献表明[182]，在 Cu-Ni-Al 三元合金系
中，B2 结构的 β-NiAl 中能够大量固溶 Cu 原子。由此，在 Cu-Ni-Zn-Al 四
元合金体系中，Cu 原子与 Zn 原子也可固溶到 B2 结构中，形成组分较为
复杂但具有 B2 稳定结构的 β 相。

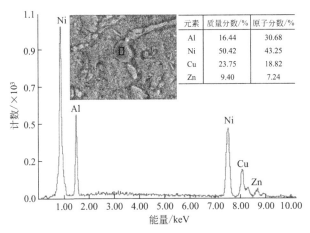

图 3-19　过时效状态下 S4 合金中粗大析出相的
SEM 照片及其 EDAX 能谱分析图

图 3-20 为 S4 合金在 500℃等温时效 256h 时不连续析出晶胞的 SEM
显微组织及其对 Al、Ni、Zn 和 Cu 的线能谱分析结果。从图 3-18(g) 和
图 3-20 可以得知，在过时效状态下，不连续析出可以同时在晶内和晶界
发生，均形成胞状组织。对不连续析出胞状组织进行线能谱分析（图 3-
20）的结果显示，胞状组织中的条片状析出相富 Al 和 Ni，而贫 Cu、Zn。

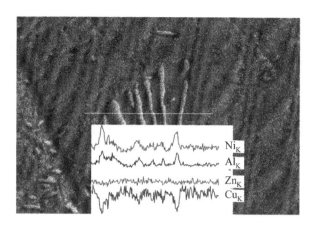

图 3-20　过时效状态下 S4 合金中不连续析出胞状组织的
SEM 照片及其线扫描能谱分析图

这表明，Al 含量较高的 S3 和 S4 合金在完全过时效状态形成的粗大析出相和不连续析出的条片状析出相均为富 Ni 和 Al 的 β 相，这亦与 X 射线衍射分析结果相一致。

3.3.4　透射电子显微结构

3.3.4.1　不同时效状态下析出相的透射电子显微结构

为了更好地研究固溶-时效过程中 Cu-Ni-Zn-Al 合金的时效析出行为，选取 S1 合金为代表对不同时效时间状态下析出相粒子的形貌、尺寸和位向关系变化进行透射电子显微分析。图 3-21～图 3-23 分别为 S1 合金经 925℃×1h 固溶处理后在 500℃时效 1h（欠时效）、16h（峰时效）和 128h（过时效）时析出相的 TEM 图谱及其对应的衍射花样。

在 500℃时效 1h 时［图 3-21（a）］，S1 合金晶内可见大量极其细小的点状（或球状）析出相弥散形成，且与基体呈完全共格关系。析出相粒子分布均匀，尺寸在 4～8nm 之间，面密度相当大。对相应区域进行电子衍射花样［图 3-21（b）］分析的结果显示，除 α 固溶体基体的衍射斑点外，衍射花样中还存在较弱的析出相的衍射斑点。对电子衍射花样进行了测量与标定，结果如图 3-21（b）所示（图中下标"p"表示析出相、"m"表示 α-Cu 基体的衍射斑点）。标定结果表明，

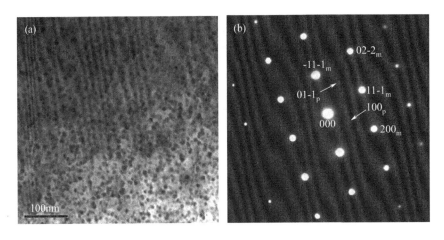

图 3-21   S1 合金在 500℃ 时效 1h 时 [011]$_m$ 晶带轴的
TEM 照片 (a) 及其对应的衍射斑点 (b)

该状态下 S1 合金中的析出相具有与 α 固溶体基体相同的立方结构，且呈 L1$_2$ 有序状态。通过对析出相的衍射花样进行计算和标定，得出析出相各晶面的晶面间距与具有 L1$_2$ 有序结构的 γ′ 相相近，与相应的 X 射线衍射分析结果（图 3-8）相吻合，表明 S1 合金在 500℃ 时效 1h 时即有大量 L1$_2$ 型有序结构的 γ′ 相共格析出，且析出相与固溶体基体之间存在以下的位向关系：[011]$_p$ // [011]$_m$，(100)$_p$ // (200)$_m$。这与 Y. R. CHO 等[162,163,187] 对 Cu-Ni-Al 三元合金时效析出行为的研究结果相似，他们的研究结果还表明，时效时共格析出 γ′ 相粒子大大提高了 Cu-Ni-Al 三元合金的强度和硬度。结果表明，固溶处理后的 S1 合金过饱和固溶体在时效初期即高密度共格析出极其细小的 γ′ 相粒子，这些 γ′ 相粒子的弥散析出大幅度地阻碍了合金变形过程中位错的运动，使得合金硬度值大幅度提高。

　　S1 合金在 500℃ 时效 16h 后，为了更清楚地分析析出相的形貌、尺寸以及与基体的位向关系，对 [$\bar{1}$12] 和 [011] 两个晶带轴就析出相进行 TEM 明场、暗场及电子衍射斑点观察和分析。结果发现，晶内析出大量细球状析出相粒子，粒子尺寸较时效初期（1h）稍有长大，为 6～12nm，与基体仍保持着共格关系 [图 3-22 (a)]。从 S1 合金的明场像 [图 3-22 (a)] 中可以看到大量细小的咖啡豆状的衬度。根据透射电镜的图像衬度理论[188]，析出相粒子与 α 固溶体基体界面为共格界面时，因析出相与基体晶格轻微错配而使析出相粒子周边的固溶体基体产生晶格畸变，在透射电子图像中显示出相应的衬度，这与相同状态下的合金基体 X 射线衍射峰峰形（图 3-8）的分析结果一致。同时，在基体中还存在一些极其细小的点状或球状析出相粒子，约为 2～6nm，均匀分布在基体中，与基体呈共格关系。对 [$\bar{1}12$] 和 [011] 晶带轴的电子衍射花样（SAED）进行分析和标定 [图 3-22（c）和（e）]，结果显示，S1 合金在峰时效状态下的 SAED 与 500℃×1h 时效状态下的基本一样，说明合金在时效过程中析出相的结构并未发生明显变化，析出相与 α 固溶体基体的位向关系保持不变，仍为：[011]$_p$// [011]$_m$，(100)$_p$// (200)$_m$。由此可见，在 500℃时效 16h 时，合金表现出典型的峰时效 TEM 显微组织，合金中析出相大量共格析出，并逐渐向半共格关系转变，有部分析出相颗粒稍有长大呈细片状；析出相具有 L1$_2$ 有序结构，并在析出过程中与 α 固溶体基体的位向关系保持不变。

在 500℃时效 128h 时，S1 合金进入过时效状态。此时，合金晶粒内部的析出相呈现两种完全不同的形貌：一种呈粗化并长大的薄片状，尺寸为 50～100nm；另一种为极其细小的点状或球状，均匀分布在粗化析出相之间的基体中，尺寸约为 2～6nm [图 3-23（a）]。薄片状析出相在基体中有序均匀分布，且其分布密度与合金在峰时效和欠时效状态相比明显较低；而均匀分布在基体中的细小点状或球状析出相的析出密度相对于粗化析出相明显较大。对相应区域的电子衍射花样 [图 3-23（b）] 分析，结果显示，S1 合金在过时效状态下的 SAED 同样只存在 α 固溶体基体和析出相的两套斑点。对衍射花样进行了分析和标定的结果表明，与欠时效、峰时效状态相同，合金晶内析出相的结构并未发生明显的变化，仍具有 L1$_2$ 有序结构，且晶面间距与 γ' 相的晶面间距相近，这与合金在相同时效状态下的 XRD 分析结果 [图 3-8（b）] 完全吻合；析出相仍保持着欠时效和峰时效时与基体的位向关系：[011]$_p$// [011]$_m$，(100)$_p$// (200)$_m$。

3.3.4.2 不同 Al 含量合金析出相的透射电子显微分析

从时效硬化曲线、XRD 分析、金相组织及扫描电子显微组织分析中可以得知，Al 含量对 Cu-Ni-Zn-Al 固溶合金的性能和组织的影响巨大。为

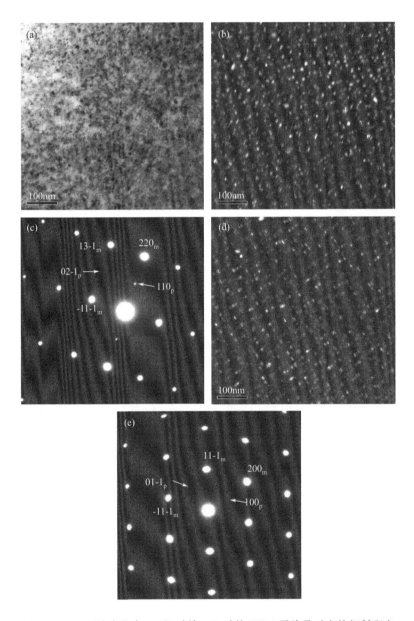

图 3-22　S1 固溶合金在 500℃时效 16h 时的 TEM 照片及对应的衍射斑点

(a) $[\bar{1}12]_m$ 晶带轴明像；(b) $[\bar{1}12]_m$ 晶带轴暗场像；(c) 图（b）的 SEAD；

(d) $[011]_m$ 晶带轴暗场像；(e) 图（d）的 SEAD

了更好地研究合金元素 Al 的含量对合金性能的影响，就不同 Al 含量的 Cu-Ni-Zn-Al 合金经固溶处理后在 500℃时效 16h（峰时效状态）后析出相组织和结构进行透射电子显微观察与分析。

对 S1 固溶合金在 500℃时效 16h 后的透射电子显微组织的详细观察与分析结果表明，在该状态下合金表现出典型的峰时效前期的 TEM 显微组织，合金晶内共格析出大量细小且弥散分布的析出相粒子，这些析出相为具有 $L1_2$ 有序 Cu_3Au 结构的 γ' 相，且与 α 固溶体基体之间具有一定的位向关系，为：$[011]_p$ // $[011]_m$，$(100)_p$ // $(200)_m$。

S2、S3 和 S4 合金固溶处理后在 500℃时效 16h 时的显微组织及其对应的电子衍射花样分别如图 3-24～图 3-26 所示。可以看出，在相同的时效条件下，四种 Cu-Ni-Zn-Al 合金内部均析出了大量细小的、均匀分布的析出相，析出相与基体保持共格关系。在峰时效状态下，S2、S3 和 S4 合金具有与 S1 合金相似的组织：晶粒内部分布有大量细小、球状析出相和稍有长大的细棒状析出相粒子，且与基体均呈共格关系，析出相粒子两侧形成的深色衬度为析出相与固溶体基体晶格错配而导致的晶格畸变，这与对应状态下 XRD 图谱中固溶体基体衍射峰中出现宽化相一致。因 Al 含量的不同，Cu-Ni-Zn-Al 合金中析出相形貌和尺寸也呈一定规律变化，具体如表 3-2 所示。

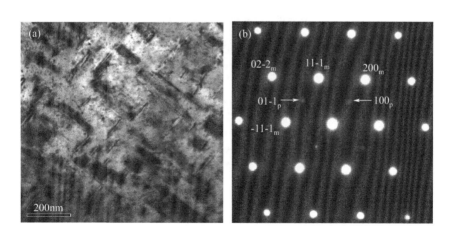

图 3-23　S1 合金在 500℃时效 128h 时 $[011]_m$ 晶带轴的
TEM 照片（a）及其对应的衍射斑点（b）

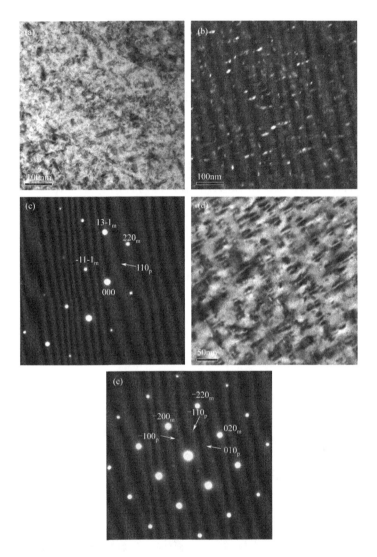

图 3-24　S2 固溶合金在 500℃时效 16h 时的 TEM 照片及其对应的衍射斑点

(a) $[\bar{1}12]_m$ 明场像；(b) $[\bar{1}12]_m$ 暗场像；(c) 图 (b) 的 SAED；

(d) $[001]_m$ 明场像；(e) 图 (d) 的 SAED

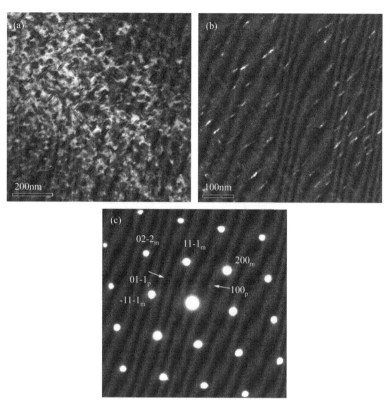

图 3-25　S3 固溶合金在 500℃时效 16h 时 [011]$_m$ 晶带轴的
TEM 明场（a）和暗场（b）照片及其对应的衍射斑点（c）

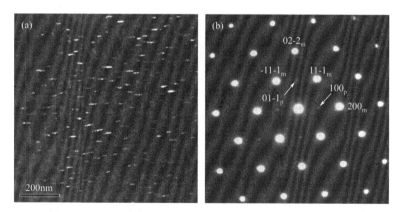

图 3-26　S4 固溶合金在 500℃时效 16h 时 [011]$_m$ 晶带轴的
TEM 暗场照片（a）及其对应的衍射斑点（b）

合金编号	析出相形状及尺寸/nm	析出相类型及结构
S1	球状:8～12	
S2	片状:(12～18)×(10～30)	γ'相,具有 L1$_2$ 型
S3	片状:(14～20)×(10～40)	有序立方 Cu$_3$Au 结构
S4	片状:(12～22)×(10～50)	

在 500℃时效 16h 时，S1 合金析出相表现为峰时效前期组织：细小均匀、弥散分布在基体内部、与基体完全共格的点球状粒子；随着 Al 含量的增加，合金中析出相的尺寸明显长大，密度逐渐增大，Al 含量最高的 S4 合金析出相表现为峰时效后期的典型组织，与其时效硬化曲线显示的结果完全吻合。从时效硬化曲线已经得知，在时效过程中，随着 Al 含量的增加，Cu-Ni-Zn-Al 合金达到峰时效的时间逐渐缩短。为了更详细地研究 Al 含量对合金在当前时效状态下析出相形貌和分布的影响规律，对合金中析出相的尺寸做了仔细的测量，结果示于表 3-2。从表 3-2 可以看出，随着 Al 含量的增加，合金中析出相尺寸逐渐增大，尺寸分布范围稍有扩大，这较好地说明了该状态下 Al 含量对合金性能的影响。

为了研究不同 Al 含量合金在当前状态下的析出相种类、结构和与基体的位向关系，对各合金相应的电子衍射花样进行分析和标定，如图 3-24（c）、图 3-24（e）、图 3-25（c）和图 3-26（b）所示。结果显示，在 500℃时效 16h 时，四种 Cu-Ni-Zn-Al 合金晶粒内部析出相种类和结构类型基本一样，均为具有 L1$_2$ 有序立方晶体结构，其晶面间距均与 γ'-Ni$_3$Al 的晶面间距基本相符，表明在该状态下，Al 含量的变化并未影响晶内析出相的种类与结构；而且，析出的 γ'相与 α 固溶体基体均具有相同的位向关系，为：$[011]_p$∥$[011]_m$，$(100)_p$∥$(200)_m$。

上述结果表明，Cu-Ni-Zn-Al 合金在该峰时效状态下均存在大量细小的、弥散分布的析出相粒子；晶内弥散分布的这些析出相粒子均为具有 L1$_2$ 型有序立方晶体结构的 γ'相，与基体保持相同的位向关系；析出相粒子与 α 固溶体基体保持共格关系。同时，在相同的时效条件下，随着 Al 含量的增加，Cu-Ni-Zn-Al 合金中析出相的尺寸稍有增大，析出相体积分数逐渐增加。

3.4 固溶-时效强化机制

前述结果表明，Cu-Ni-Zn-Al 合金在固溶-时效过程中具有明显的时效强化效应；同时，在时效过程中析出相的形貌、组成和结构随着 Al 含量的变化而稍有变化，并对合金的性能产生重要的影响。固溶处理后的过饱和固溶体在时效过程中连续析出具有 $L1_2$ 有序立方结构的 γ' 相，析出相的大小、形貌以及与固溶体基体之间的关系对合金的性能起着关键作用。本节就析出相的析出过程以及析出相对合金性能的影响分别进行深入的分析与讨论。

3.4.1 合金的时效析出机理

时效是过饱和固溶体分解和强化相沉淀析出的过程。时效硬化是在合金元素固溶度较高的高温保温一段时间后，合金元素原子固溶进入合金基体中，快速淬水后形成过饱和固溶体，然后在低固溶度的低温区进行长时间的保温，使得固溶体中的过饱和固溶原子以某种形式脱溶出来，而这些脱溶出来的第二相颗粒在合金变形过程中阻碍位错的移动，从而起到时效析出强化作用[1]。

从时效硬化动力学曲线可以得出，Cu-Ni-Zn-Al 合金为典型的时效硬化型合金。虽然目前并未见到权威的 Cu-Ni-Zn-Al 四元合金相图报道，与所研究合金具有相似成分的 Cu-Zn-Al、Cu-Ni-Zn 三元合金等温相图[169] 中也未见明显的第二相出现；也少见与本研究合金具有相似成分的 Cu-Ni-Al 三元合金出现明显第二相的报道。从 500℃ 的 Cu-Ni-Al[169] 三元等温相图中可见，与本合金成分相似的合金可能落在 $\alpha + Ni_3Al$ 双相区内；同时，900℃ 以上的 Cu-Ni-Al 三元等温相图中与研究合金相似成分的合金区域落在单相 α 固溶体区域。当合金在 925℃ 固溶后，Cu-Ni-Zn-Al 合金为过饱和固溶体；在 500℃ 对固溶合金进行时效时，过饱和固溶体中的过饱和溶质原子必然失稳并以富 Ni 和 Al 的第二相形式脱溶析出，产生强化效应。这与时效状态合金的组织观察及分析结果一致：Cu-Ni-Zn-Al 合金在时效初期即析出了大量均匀且呈弥散分布的第二相粒子，而且析出相具有 $L1_2$ 有序 Cu_3Au 结构，并在整个时效过程中析出相结构基本保持不变。

3.4.1.1 析出相的形核与长大

根据 900℃ 的 Cu-Ni-Al[169] 三元等温相图，Cu-Ni-Zn-Al 合金经 925℃固溶 1h、室温淬水后，形成 α 单相过饱和固溶体。而 500℃ 的 Cu-Ni-Al[169] 三元等温相图中与研究合金相似成分的合金区域落在 α+Ni₃Al 双相区内，表明合金在 500℃ 时效时过饱和固溶体处于非平衡状态。在时效过程中，过饱和固溶体系统自由能发生变化，使得过饱和固溶体处于亚稳状态。在时效最初期，过饱和固溶体内部结构发生一系列复杂的变化，如溶质原子的富集等。当亚稳态固溶体中出现较大的溶质原子浓度起伏时，就有可能出现新相的核胚。合金时效早期新相形核时，形核势垒主要由基体与晶核核心界面能决定，因为共格界面的界面能较低，形核长大早期沉淀相通常是共格或半共格的。另外，第二相析出的驱动力由两部分组成[189]：一部分是伴随单位体积沉淀相形成的化学自由能下降，另一部分是伴随点阵参数随成分涨落而变化所产生的点阵畸变而出现的弹性应变能。但是，新相形核不一定是自由能较低的平衡相，而是形核势垒最低的相，比如界面能较低的共格相，在大过冷度下，共格相首先均匀形成。在对合金时效析出的组织观察中也证实了这一现象。析出相与基体之间的共格程度与晶面的错配度有关。错配度定义为：$\delta = K(a_1 - a_2)/a_1$，式中，$a_1$、$a_2$ 分别表示两相的晶格常数。当两相错配度 δ 很小时，两相在相界面趋于共格，即成为共格界面。随着错配度 δ 的增大，界面逐渐过渡到半共格、非共格界面。这是由于当错配度 δ 较大时，若维持两相界面共格，便会产生很大的弹性畸变能；错配度 δ 很大时，两相在相界面上完全失配，即成为非共格界面。

在 500℃ 时效初期，Cu-Ni-Zn-Al 合金内溶质原子迅速富集并形核析出大量细小的点球状 γ′ 相粒子，γ′ 析出相具有 L1₂ 型有序 Cu₃Au 结构。XRD 和 TEM 分析显示，γ′ 相与基体 α-Cu 固溶体均为立方结构，且两相的晶格常数相差不大，有利于析出相的共格析出。γ′ 相共格析出时，由于析出相与基体晶格常数存在一定的错配度，从而使得析出相粒子周边基体发生一定的畸变。随时效时间的延长，溶质原子继续向晶核聚集使析出相不断长大；为了减小整个体积的共格应变能，γ′ 质点通过聚集长大并逐渐转变成细棒或薄片状呈一定序列排列分布在基体中，并与基体仍然保持共格界面。随着共格析出相的长大和析出相体积分数的增大，基体中因共格错配而产生的畸变区逐渐增大，这些畸变区使得 X 射线发生漫散射，畸变区越大，畸变程度越高，漫散射的强度也就越高。当析出相粒子长大到一定程度时，基体中的畸变达到一个极限，析出相与基体的共格或半共格界面因失稳而形成非共格界面，畸变能得以部分转化成界面能，同时基体中因共格错配而产生的畸变以形成位错的形式而得到消耗，这充分表现在过时效状态下基体衍射峰明显宽化。

3.4.1.2 析出相的粗化

当析出相的体积分数接近合金平衡状态的体积分数时，析出相的长大并不会停止。由于不同尺寸质点间的自由能差，较大的析出相粒子进一步长大，尺寸较小的粒子不断地消失，在析出相总体积分数不变的情况下，体系的自由能不断降低，即出现 Ostwald 熟化过程，合金进入过时效状态。

此外，时效过程动力学由溶质原子扩散控制，温度是影响原子扩散系数的最主要因素。根据 Arrhenius 方程式[190]：$D = D_0 \exp(-Q/RT)$，式中，D 和 D_0 分别为扩散系数和扩散常数；R 为摩尔气体常数；Q 为扩散激活能；T 为热力学温度。对于同一成分的固溶体来说，时效温度 T 越高，溶质原子的扩散系数就越大，过饱和固溶体的分解速率就越快，则达到时效峰值的时间就越短，进入过时效的速率也就越快。图 3-1 和图 3-2 的实验结果充分证实了这一点。

3.4.2 Cu-Ni-Zn-Al 合金时效析出强化机理

从时效硬化曲线和相应的组织分析可以得知，在时效过程中，随着具有 L1$_2$ 型有序立方结构的 γ′ 相粒子的共格析出，析出体积分数逐渐增加，Cu-Ni-Zn-Al 合金的硬度值大幅度上升，呈现出强烈的时效析出硬化效应；随着 γ′ 相粒子的聚集和明显长大成薄片状或细片状，析出相密度降低，与基体的共格或半共格界面失稳成非共格界面时，合金的硬度值开始缓慢地下降，出现时效软化现象，合金进入过时效状态。当时效过程中合金内出现连续析出或不连续析出 β 时，β 相粒子在晶界处优先形核析出并迅速长大，合金的硬度值快速下降。这充分反映了 Cu-Ni-Zn-Al 合金的时效强化与析出相的结构、尺寸及其与基体界面关系有关，也说明了共格析出的 γ′ 相为 Cu-Ni-Zn-Al 合金的强化相，而 β 相对合金的时效硬化明显不利。这与 Cu-Ni-Al 三元合金体系中的时效析出强化机理相似[162,163,187]。

时效析出强化理论认为，合金变形时，位错与粒子之间的交互作用方式有切割和绕过两种机制，取决于不同时效状态析出物的性质、粒度。根据位错理论，Gleiter 和 Ashby 分别对切割和绕过两种机制进行了详细的分析，得出以下关系式[171]：

$$\tau_G = k_1 \frac{\gamma_A^{3/2} f^{1/3}}{\sqrt{G} b^2} r^{1/2} + \tau_0 \tag{3-5}$$

$$\tau_A = k_2 \frac{Gb f^{1/2}}{r} \ln \frac{2r}{r_0} + \tau_0 \tag{3-6}$$

式中，τ_G 和 τ_A 分别为切割和绕过机制下材料的强度；k_1、k_2 为常数；G 为剪切模量；f 为质点体积分数；r 为质点半径；b 为 Burgers 矢量；τ_0 为基体强度；γ_A 为反向畴界能；r_0 为位错芯半径。由式(3-5) 和式(3-6) 可知，切割机制的强化效应随质点体积分数和尺寸的增大而增大，而绕过机制的强化效果则随质点体积分数的减小和尺寸的增大而减小。

结果表明，Cu-Ni-Zn-Al 合金硬度的提高主要是由共格析出强化所引起的。在时效初期合金过饱和度大，析出动力大，使得过饱和固溶体中的固溶原子以较快的速率脱溶形成大量弥散分布、细小的析出相粒子，这些析出相粒子与基体保持着共格关系，变形时位错切割共格析出相粒子，使得合金的硬度得以大幅度上升，起到显著的共格强化作用；继续时效时，析出相体积分数（f）及尺寸（r）均随着时效时间的延长而逐渐增加，位错切割析出相所需的应力逐渐加大，使强化值增加，经过一段时间后，析出相体积分数（f）会达到一定值，析出相将按 Ostwald 熟化过程规律增大尺寸，使得合金进一步强化，合金硬度和强度达到最大值。最后，析出相质点逐渐向半共格或非共格质点转变，尺寸也不断加大，一旦达到临界尺寸时，位错在质点周围成环所需应力会小于切割质点的应力，变形时位错与质点的作用机制逐渐由切割向绕过机制转变，绕过机制（Orowan 机制）开始发挥作用。此时，合金强度随着析出相质点尺寸进一步增大而逐渐降低。因此，从总体上看，合金硬度随时效时间的延长而逐渐上升，达到峰值后又逐渐下降（图 3-2）。

3.4.3 Cu-Ni-Zn-Al 合金固溶-时效时强化机理

较大半径 Al 原子的固溶使得固溶体局部晶体点阵发生畸变而引起的应变场将产生与位错交互作用的变化（包括超弹性作用力以及位错与溶质

原子的介弹性作用能），最终起到增加固溶体晶体变形的阻力，产生固溶强化的效果，Al 含量越高，强化效果越大。因此，在 Cu-Ni-Zn 固溶体中添加少量合金元素 Al 形成过饱和固溶体时，合金的强度和硬度得到提高。所以，随着 Al 含量的增加，合金固溶状态的硬度也逐渐增大，其主要硬化机制为固溶硬化。

对于时效强化型合金来说，强化相的粒度、与基体的界面关系以及晶界特性决定了合金最终力学性能。合金的时效硬化效应主要取决于时效过程中析出的弥散相结构、形状、密度、尺寸大小及分布。在相同的时效时间内，对于 Cu-Ni-Zn-Al 固溶合金，时效温度过低（≤400℃），析出相的析出动力不足，过饱和固溶体中的过饱和固溶原子难以脱溶析出，析出强化不明显，合金硬度难以提高。时效温度过高（≥600℃），析出过程过快，析出相粒子在很短的时间内即完成析出，并迅速粗化，变形时位错绕过粗化的析出相粒子运动，不利于时效析出强化的发挥。只有当时效温度在 450～550℃时，过饱和固溶原子脱溶过程才会相对稳定，有利于析出相粒子在基体中高密度弥散析出，并与 α 固溶体基体保持一定的共格关系，析出相粒子尺寸均匀、细小，变形时位错切割析出相粒子运动，时效析出强化效果明显。时效温度较低时（450℃），析出相粒子时效析出动力较低，长大速率较低，不利于析出相粒子的快速析出，过饱和固溶原子在实验时间内未能析出完全，因此合金硬度增长缓慢，未能达到峰值。由于析出相在低温不断析出，体积分数逐渐增大，而尺寸相对较小，在变形过程中位错切过析出相粒子，经过长时间时效后，合金可以获得最高的硬度。随着时效温度的升高，析出相粒子时效析出动力逐渐增大，析出速率明显加快，合金硬度达到峰值的时间逐渐缩短。Cu-Ni-Zn-Al 合金在 500℃时效 8～16h 即达到峰值硬度。当时效温度进一步升高到 550℃时，合金析出动力明显加快，析出相粒子长大明显，使得合金在更短的时间内（2～4h）达到硬度峰值，但峰值硬度相对较低。因此，Al 含量在 1.2％～2.4％范围内的 Cu-Ni-Zn-Al 合金在 500℃时效 8～16h 可获得较好的力学性能。

Cu-Ni-Zn-Al 合金硬度与 Al 含量密切相关。在 500℃等温时效过程中，Al 含量为 1.2％的 S1 合金的时效析出相均为 γ′相。起主要强化作用的 γ′相在基体中高密度弥散共格析出，尺寸均匀细小，长大、粗化速率缓慢，合金明显强化，且过时效状态的软化程度较小。当 Al 含量逐渐升高时，合金固溶体的过饱和度增加，时效析出驱动力增大；时效初期，在相同的时间内析出相形核数增加，析出相体积分数增大，使得合金硬度明显增大。但是，在时效中后期，S3 和 S4 合金中逐渐非共格析出粗大的 β 相粒子，且出现不同程度的不连续析出现象，使得合金在过时效状态的软化速率明显加快。而且，随着 Al 含量的增加，过时效状态 β 相粒子体积分数增加，不连续析出程度增大，引起合金脆化[191]，合金软化速率明显增加。经 925℃×1h 固溶、500℃ 时效 8～16h 后，Cu-Ni-Zn-Al 合金的硬度值可分别达：185HV（S1）、198HV（S2）、202HV（S3）和 221HV（S4），远高于 Cu-Ni-Zn 三元合金（S0）的 57HV。

3.4.4 Cu-Ni-Zn-Al 合金固溶-时效时电导率变化机制

合金的电导率与合金中的空位、晶界、位错、固溶原子聚集、析出相粒子等对电子的散射程度有关[192,193]。对于时效析出强化型合金，影响硬度的主要因素是析出相的体积分数，而电导率主要与基体中所含固溶元素的多少有关，溶质原子的脱溶析出改善了合金的导电性[194]。合金元素对铜合金导电性的影响主要包括两方面，首先是固溶于铜基体中的合金元素将引起铜合金电导率的下降，固溶原子对铜合金电导率的影响比较复杂，但主要是异类原子引起同基体晶格发生畸变而增加对电子散射作用的结果。另外，在时效强化铜合金中，析出相引起晶格畸变，也对合金电导率产生一定的影响；不过，析出相引起的点阵畸变对电子的散射作用要比铜基体中固溶原子引起的散射作用小得多，通常可以忽略。但是，当析出相粒子的尺寸与电子波的波长（10Å）处于同数量级时，会导致电子波的强烈散射，使合金的导电性下降[195]。

铜基体中固溶元素越多、含量越高，对电子的散射作用就越大，合金的电阻率就越高，电导率就越低，反之则越高。因此，Cu-Ni-Zn 三元合金在添加合金元素 Al 后，经高温固溶、淬水，形成含 Al 的过饱和固溶体，由于 Al 原子半径比固溶体中其他合金原子 Cu、Ni、Zn 的原子半径要大得多，引起较大的点阵畸变，增加了对电子的散射，使得固溶体的电导率在添加合金元素 Al 之后有所降低；随着 Al 含量的增加，合金过饱和固溶体中 Al 含量也增加，从而进一步降低了 Cu-Ni-Zn-Al 固溶合金在固溶-淬水后的电导率，如图 3-4 所示。

在时效最初期，Cu-Ni-Zn-Al 合金中析出相的体积分数较低，尺寸小，且共格析出，而基体仍为过饱和固溶体，故此时析出相粒子对电子散射而导致的电阻升高值超过了基体固溶体贫化而导致的电阻降低值，因而电阻升高。同时，时效初期析出相粒子尺寸约为几个原子直径数量级（10Å 左右）时，电阻达到最大值，对应着电导率降低到最小值，如图 3-4 所示。随着时效的继续进行，析出相体积分数逐渐增大，固溶体基体中溶质原子浓度逐渐降低，从而使得合金电导率逐渐升高。当固溶体基体中溶质原子浓度基本达到时效温度下的平衡值时，固溶体过饱和程度明显降低，析出相进一步析出动力明显降低，而析出相粒子逐渐长大，因而此时合金的电导率基本保持稳定。因共格析出引起周边基体的晶格畸变在析出相粒子粗化过程中逐渐释放，使得固溶体基体内晶格不完整程度降低，因而 Cu-Ni-Zn-Al 合金电导率在时效后期仍稍有上升。

所以，在 500℃ 时效过程中，Cu-Ni-Zn-Al 合金电导率先稍有降低，再逐渐增大，时效 16h 后增大速率明显降低，呈缓慢上升趋势。

Al 含量对 Cu-Ni-Zn-Al 合金电导率的影响不容忽视。金相观察、XRD 图谱和扫描电子显微分析结果表明，在时效过程中，S1 和 S2 固溶合金的析出组为 γ' 相；而 S3 固溶合金在峰时效前以 γ' 相的析出为主，进入过时效状态后逐渐有 B2 结构的 β 相析出；而 S4 固溶合金在峰时效状态下就有 β 相析出，且其析出量随着时效时间的延长而逐渐增大，在过时效状态下 β 相的含量明显高于 γ' 相。其中，γ' 相为 $L1_2$ 型有序立方 Cu_3Au 结构、掺有部分 Cu 和 Zn 的复杂 Ni_3Al 相，而 β 相为掺部分 Cu 和 Zn、B2 结构的复杂 NiAl 相。其中，γ' 相中 Ni 和 Al 的原子比约为 $3:1$，远高于 β 相中的 Ni 和 Al 的原子比（约 $1:1$）。因此，当相同浓度的 Al 原子分别以两种不同结构相的方式脱溶析出时，固溶体基体中溶质原子浓度的降低幅度必然相差很大，引起合金电导率的增大程度也将相差很大。与析出 β 相比，Cu-Ni-Zn-Al 合金在时效过程中析出 γ' 相时，其合金固溶体浓度要低得多。所以，在 Al 含量相同的条件下，析出 γ' 相时，Cu-Ni-Zn-Al 合金的电导率要明显高于析出 β 相时的电导率。S1 和 S2 固溶合金的析出相为 γ' 相，而 S3 固溶合金在峰时效时析出相主要以 γ' 相为主，只有少量 β 相。所以，在相同的时效条件下，随着合金元素 Al 含量的增加，这三种合金的过饱和固溶体中脱溶的原子数也逐渐增加，从而使得合金的电导率亦逐渐增大。在合金元素 Al 的含量进一步增加后，虽然其 Al 含量相对较高，但 S4 固溶合金在时效过程中同时析出 γ' 和 β 相，使得从过饱和固溶体中脱溶的溶质原子远比全部析出 γ' 相时要少，使得在时效过程中电导率的增幅也稍有降低，所以过时效之前其电导率在 S3 合金的基础上并未继续增大，反而稍有降低。在时效时间进一步延长后，S3 固溶合金中的不连续沉淀逐渐增加，β 相明显增多，在同时继续析出两种结构析出相的作用下使得其电导率增速明显放缓；与此同时，因 S4 固溶合金具有更高的过饱和度，溶质原子 Al 含量较高，在过时效状态下其脱溶的溶质原子相对更高，其电导率在过时效初期下继续以相对较快的速率增大，并在完全过时效状态下具有最高的电导率。

因此，在固溶-时效过程中，Cu-Ni-Zn-Al 合金的电导率与 Al 含量存在密切的关系。当 Al 含量较低（1.2% 和 1.6%）时，过饱和 Al 原子以 γ′相的形式脱溶析出，大大提高了合金的电导率；当 Al 含量较高（≥2.0%）时，过饱和 Al 原子以 γ′相和 β 相两种形式脱溶析出时，使得合金电导率得到明显提高，但是未能达到最大效果。经 925℃×1h 固溶处理后，Cu-Ni-Zn-Al 固溶合金在 500℃ 时效时，峰时效状态的电导率分别为 11.27% IACS（S1）、12.01% IACS（S2）、13.30% IACS（S3）和 12.03%IACS（S4），时效 256h 后合金电导率稍有增大，分别为 11.76% IACS（S1）、12.68% IACS（S2）、14.61% IACS（S3）和 14.93% IACS（S4），在 Cu-Ni-Zn 合金（S0）的基础上提高了（3~5)%IACS。

第4章

含 Al 镍黄铜合金的固溶-冷轧-时效强化与再结晶

4.1 引言

在工业生产中，为提高合金综合性能，析出强化型铜合金，在时效处理前，往往要进行一定的冷变形，即对合金进行低温形变热处理。低温形变热处理是将塑性变形的形变强化与热处理时的时效析出强化结合，使成型工艺与获得最终性能统一起来的一种综合工艺。合金时效前加以冷变形，可以大大增加合金中的缺陷（主要是位错和空位）密度及数量，同时还可改变各种晶体缺陷的分布。变形时缺陷组态及缺陷密度的变化对新相形核动力学及新相的分布影响很大，为新相的形核及生长提供有利条件，还有利于抑制晶界不连续析出的形核和长大，使得合金在低温形变后的时效处理过程中硬度及电导率大幅度提高，综合性能得到改善[21,57,58,111,161,196-206]。同时，析出相的形成往往又对位错等缺陷的运动起钉扎、阻止作用，使合金中的缺陷稳定。在时效过程中，冷轧合金的析出和再结晶发生交互作用，也对时效过程中的组织和性能产生不可忽视的影响，这在 Cu-Ni-Si[103,111,199,205]、Cu-Ni-Al[162]、Cu-Ti[22,54-61]、Cu-Fe-P[198,206] 等合金形变热处理中已有相关报道。因此，固溶-冷变形-时效为一种时效析出强化型合金的低温形变热处理方法，与不经冷变形的合金比较，这种处理能获得较高的拉伸强度及屈服强度。本章对 Cu-Ni-Zn-Al 合金在固溶-冷轧-时效过程中性能及组织的变化进行了深入分析[207]。

4.2 Cu-Ni-Zn-Al 合金在固溶-冷轧-时效时的性能

4.2.1 合金在固溶-冷轧-时效时的硬度

图 4-1 为不同 Al 含量 Cu-Ni-Zn-Al 合金经 92℃×1h 固溶处理、冷轧 80％后在不同温度下时效 1h 时硬度的变化曲线。从图 4-1 可知，对固溶态合金进行 80％冷轧处理，大幅度地提高了合金的硬度，硬度增值分别达到 131HV（S0）、147HV（S1）、150HV（S2）、149HV（S3）和 139HV（S4），产生明显的形变强化。这是由于在冷轧过程中合金内部位错大量增殖，而金属变形的主要方式是位错的滑移运动，位错在运动过程中彼此交截，形成割阶，使位错的可动性减小；许多位错交互作用后，缠结在一起形成位错结，使位错运动变得十分困难，从而使合金的硬度得到提高，产生显著的形变硬化效果。

图 4-1 显示，S0 合金经冷变形处理后，再在低于 300℃的温度下进行热处理时，其硬度基本保持不变，合金组织只发生回复过程，未见明显退火硬化或软化效应；而在 350～450℃进行热处理 1h 后，S0 合金硬度随着热处理温度的升高而迅速降低，呈现出明显的退火软化过程，表明 S0 冷轧合金在该温度范围内发生明显的回复与再结晶过程；在高于 450℃的温度下热处理 1h 后，S0 合金的硬度已经降到很低，并随温度的继续升高而缓慢下降，表明合金已经再结晶完全并进入晶粒长大过程。因此，S0 冷

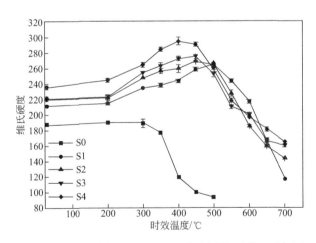

图 4-1　不同 Al 含量 Cu-Ni-Zn-Al 合金固溶-冷轧 80％后在
不同温度下时效 1h 后的维氏硬度值

轧合金的再结晶温度在350～400℃之间，且无任何热处理强化的迹象。

但是，在相同的热处理条件下，少量 Al 的加入，可以明显提高 Cu-Ni-Zn 合金的硬度，使得合金的退火软化温度得以大大提高。从图 4-1 明显可以看出，添加少量 Al 以后，冷变形后的 Cu-Ni-Zn-Al 合金表现出与未添加 Al 的合金完全不同的硬度变化规律。在 200～500℃时效 1h 后，Cu-Ni-Zn-Al 合金的维氏硬度值不降反增，而且其硬度增幅随着时效温度的升高而先逐渐增大后减小，表现出明显的时效强化和形变强化的双重效应。S1 合金在较低的温度（300℃）热处理 1h 后，其硬度便有缓慢上升，且随着温度的升高而逐渐增大，并在相当大的温度范围内（200～600℃）均保持着比热处理前更高硬度值（≥211HV）；当时效温度达到 500℃时，S1 合金的硬度达到最大（265HV），比冷轧态硬度值（211HV）增加了 54HV，当时效温度继续升高时，S1 合金的硬度迅速下降，表明合金中过时效和再结晶软化效应逐渐凸显，使得合金迅速软化。随着 Al 含量的增加，在相同的时效处理状态下，Cu-Ni-Zn-Al 合金达到硬度最大值所需要的温度逐渐降低，但硬度峰值逐渐增大；其中，Al 含量最高的 S4 合金硬度最大值出现在 450℃，当时效温度升高到 500℃以上时其硬度值随着温度的升高而迅速下降，表明冷变形 Cu-Ni-Zn-Al 合金对温度的敏感性随着 Al 含量的提高而增大，这与合金在固溶-时效过程中的情况类似。由此可见，为了能够得到较好的力学性能，经固溶-80%冷变形处理后，Cu-Ni-Zn-Al 合金的热处理温度应控制在 350～500℃之间。

图 4-2 是冷轧后 S0 合金在 500℃等温时效时的硬度变化曲线。从图 4-

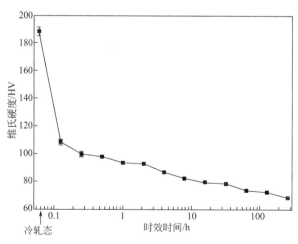

图 4-2　合金 S0 冷轧 80%后在 500℃时效时维氏硬度值变化曲线

2 可见，S0 冷轧合金的硬度在时效很短的时间内（0.125h）就从冷轧态的188HV 迅速下降到 108HV，表明该温度下 S0 冷轧合金在很短的时间内完成再结晶过程，形变强化效应基本消逝，并进入晶粒长大阶段；随后，S0 合金硬度随着时效时间的延长而进一步降低。

不同 Al 含量 Cu-Ni-Zn-Al 合金经固溶处理-冷轧 80％后在 350～500℃等温时效时硬度变化曲线如图 4-3 所示。结果显示，在等温时效过程中，添加有 Al 的 Cu-Ni-Zn-Al 合金呈现出明显的低温形变热处理强化效应。在 350℃时效时，Al 含量较低的 S1、S2 和 S3 冷轧合金的硬度随着时效时间的延长而逐渐增大，并在相当长的时效时间内（152h）未出现峰值；Al 含量较高的 S4 合金的硬度随着时效时间的延长亦逐渐增大，但在 32h 时达到硬度峰值，随后缓慢下降［图 4-3（a）］。这说明该时效温度偏低，

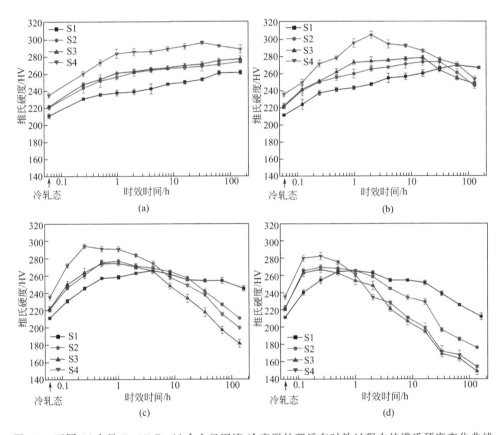

图 4-3　不同 Al 含量 Cu-Ni-Zn-Al 合金经固溶-冷变形处理后在时效过程中的维氏硬度变化曲线

（a）350℃；（b）400℃；（c）450℃；（d）500℃

Cu-Ni-Zn-Al 合金中的析出相析出不完全，导致合金性能未能得到充分展现。当时效温度提高到 400℃时，Cu-Ni-Zn-Al 合金时效初期的硬化速率明显加快，并在一定时间内均达到硬度峰值，随后缓慢下降［图 4-3(b)］。但是，Cu-Ni-Zn-Al 合金达到硬度峰值的时间随着 Al 含量的增加而逐渐缩短。S1 合金时效 64h 后达到硬度峰值（269HV），S2 合金达到硬度峰值（273HV）的时间缩短到 32h，而 Al 含量更高的 S3 和 S4 合金达到硬度峰值的时效时间进一步缩短到 16h 和 2h，峰值硬度分别为 278HV 和 304HV。当时效温度升高到 450℃时，各合金时效初期的硬化速率进一步提高，并在更短的时间内达到硬度峰值，但峰值硬度稍有降低；进入过时效后，合金出现更为明显的过时效软化效应，且软化速率随着 Al 含量的增加呈增大趋势。当时效温度为 500℃时，尽管时效初期硬化速率明显加快，合金在极短的时间内（0.25～0.5h）便达到硬度峰值，但是，合金峰值硬度明显降低，过时效时硬度软化程度明显增加，软化程度随着 Al 含量的增加而迅速增大。

上述结果可以归纳为两点：一是对于相同成分的合金，随着时效温度的升高，合金时效硬化速率明显增大，达到时效峰值硬度的时间逐渐缩短；合金时效硬化和时效软化趋势更加明显，过时效时合金硬度软化速率明显加快，硬度最大值均出现在 400℃时效期间；二是在同一个时效温度（如 400℃）时效时，随着 Al 含量的增加，Cu-Ni-Zn-Al 合金时效硬化速率明显增大，达到时效峰值的时间明显缩短，硬度峰值逐渐增大，合金过时效时硬度衰减速度和幅度逐渐增大，对过时效软化敏感性增大。时效过程中，Cu-Ni-Zn-Al 合金硬度最大值（400℃）分别为 269HV-64h(S1)、273HV-32h(S2)、278HV-16h(S3) 和 304HV-2h(S4)。从合金硬度峰值来看，与固溶状态相比，经固溶-冷轧-峰时效处理后，Cu-Ni-Zn-Al 合金硬度值分别增加了 205HV(S1)、202HV(S2)、206HV(S3) 和 227HV(S4)。根据式(3-1)，将硬度增值转换成合金的屈服强度，结果显示合金的屈服强度大幅度增大，转换后的强度增值分别为 551MPa(S1)、543MPa(S2)、553MPa(S3) 和 610MPa(S4)，表明 Cu-Ni-Zn-Al 合金是一种具有相当潜力的可时效强化的高强铜合金。为了达到较高的力学性能，Cu-Ni-Zn-Al 合金经固溶处理-冷轧 80%后的优化时效处理工艺为：在 400～450℃时效 4～64h。

4.2.2 Cu-Ni-Zn-Al 合金固溶-形变-时效时的电导率

为了了解低温形变热处理过程中电导率的变化规律，对 Cu-Ni-Zn-Al 合金经 925℃×1h 固溶处理-冷轧 80% 后在 450℃、500℃ 时效时的电导率进行测量，结果分别如图 4-4(a) 和 (b) 所示。与在固溶-时效条件下相比，冷轧状态合金的电导率稍有降低，但降低幅度不大。一方面是因为冷轧使合金基体晶格点阵发生畸变，造成电场的不均匀性，从而增加了对电子波的散射；另一方面，冷轧引起原子间结合键发生变化，也对电导率有一定的影响；但是，总的来说冷轧变形对 Cu-Ni-Zn-Al 合金电导率的影响有限。

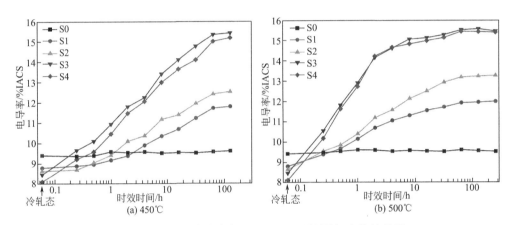

图 4-4　不同 Al 含量合金 Cu-Ni-Zn-Al 经固溶-冷轧处理后
在不同温度下等温时效时电导率变化曲线

在时效过程中，冷轧后 Cu-Ni-Zn-Al 合金电导率增速明显加快、增幅明显加大。这是由于冷轧处理后合金内部位错、空位等缺陷数量大大增加，造成点阵畸变及内能升高，为析出相的形核和生长提供了有利条件，使得时效过程中合金中过饱和原子在更短的时间内以更快的速率脱溶出来，脱溶程度更大，合金的电导率也得到更快速率的提高，电导率增幅明显增大。

在 450℃ 时效时，随着时效时间的延长，Cu-Ni-Zn-Al 合金电导率逐渐增大，并在 64h 左右基本达到稳定值。另外，随着 Al 含量的增加，在时效初期合金电导率增速明显增大，S4 合金的电导率较 S3 冷轧合金稍有降低。时效 128h 时，Cu-Ni-Zn-Al 合金电导率分别达到 11.82% IACS

（S1）、12.55％IACS（S2）、15.45％IACS（S3）和15.21％IACS（S4）。

当在500℃时效时，在时效初期合金电导率增速明显加快，并在时效2h后增速明显放缓，并逐渐保持稳定。这充分表明，提高时效温度，有利于固溶原子的快速脱溶和析出并达到平衡状态。同时，在相同的时效状态下，合金电导率随着Al含量变化的规律与其在450℃时效时的变化规律基本相同，Al含量较高的S3和S4合金的电导率相差幅度不大。时效128h后电导率达到最大值，分别为11.95％IACS（S1）、13.23％IACS（S2）、15.56％IACS（S3）和15.42％IACS（S4），表明Al含量的适量增加有利于合金时效后电导率的提高。

上述结果同时表明，时效温度对Cu-Ni-Zn-Al合金最终的电导率影响不大。

4.2.3 Cu-Ni-Zn-Al合金固溶-形变-时效时的拉伸力学性能

在450℃等温时效不同时间后，对Cu-Ni-Zn-Al冷轧合金的拉伸力学性能进行测量，结果如图4-5所示。可以看出，在450℃时效时，Cu-Ni-Zn-Al合金的拉伸力学性能随时效时间变化的规律与时效硬化曲线类似。Cu-Ni-Zn-Al冷轧合金在450℃保温一定时间，均可以获得很高的强度，且其强度峰值随Al含量的增加而成增大趋势（图4-5）。Al含量为1.2％的S1合金拉伸强度和屈服强度均随着时效时间的延长而逐渐增大，达到峰值后在相当长时间内保持相对平稳，时效16h后才逐渐降低，表明合金具有较好的高温稳定性能。同时，S1合金的延伸率随着时效时间的延长而逐渐降低，进入过时效状态后又迅速增大。S1冷轧合金在450℃时效8h时可获得最大的拉伸强度和屈服强度：$\sigma_b = 918$MPa，$\sigma_{0.2} = 889$MPa，此时其延伸率$\delta = 1.1\%$，电导率EC＝10.36％IACS。时效32h后仍具有较高的性能：$\sigma_b = 901$MPa，$\sigma_{0.2} = 844$MPa，$\delta = 2.8\%$，EC＝11.24％IACS。

从图4-5还可以明显看出，随着Al含量的增加，Cu-Ni-Zn-Al合金达到强度峰值的时间逐渐缩短，而强度峰值逐渐增大。S2和S3冷轧合金在450℃时效1h后均达到强度峰值，其性能分别为：S2的$\sigma_b = 1084$MPa，$\sigma_{0.2} = 1033$MPa，$\delta = 2.3\%$，EC＝9.42％IACS；S3的$\sigma_b = 1065$MPa，$\sigma_{0.2} = 1017$MPa，$\delta = 2\%$，EC＝10.95％IACS。而Al含量最高的S4冷轧合金时效0.5h即达到强度峰值：$\sigma_b = 1155$MPa，$\sigma_{0.2} = 1125$MPa，$\delta = 1.9\%$，EC＝9.59％IACS。当时效时间延长到8h时，Cu-Ni-Zn-Al合金

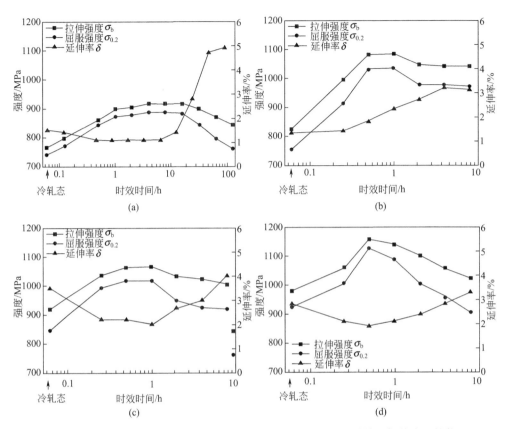

图 4-5　冷轧处理后不同 Al 含量 Cu-Ni-Zn-Al 合金在 450℃时效时拉伸力学性能

(a) S1；(b) S2；(c) S3；(d) S4

仍具有较好的综合性能：S2 的 $\sigma_b=1041MPa$，$\sigma_{0.2}=970MPa$，$\delta=3.1\%$，$EC=11.19\%IACS$；S3 的 $\sigma_b=1004MPa$，$\sigma_{0.2}=922MPa$，$\delta=4\%$，$EC=13.43\%IACS$；S4 的 $\sigma_b=1024MPa$，$\sigma_{0.2}=904MPa$，$\delta=3.3\%$，$EC=13.02\%IACS$。

表 4-1 为 Cu-Ni-Zn-Al 合金与部分 Cu-Ti 系、Cu-Ni-Sn 系以及 Cu-Be 系等高强导电弹性铜合金力学性能及电导率的对比。从表 4-1 可以明显看出，Cu-Ni-Zn-Al 合金具有与 Cu-2.7Ti[56]、Cu-9Ni-6Sn[91]（C72700）合金相近的力学性能和电导率，明显优于三元 Cu-15Ni-20Zn[62] 合金，而且其力学性能亦与 Cu-1.7Be[62]（C17000）等传统高强弹性合金相当，但其电导率还需进一步提高。

合金成分	处理状态	屈服强度 $\sigma_{0.2}$/MPa	拉伸强度 σ_b/MPa	电导率/%IACS
S1	ST+80CR+aged	844~889	901~918	10~12
S2	ST+80CR+aged	970~1033	1041~1084	9~13
S3	ST+80CR+aged	922~1017	1004~1065	10~15
S4	ST+80CR+aged	904~1125	1024~1155	9~15
Cu-15Ni-20Zn[62]	extra hard	545	635	7
Cu-9Ni-6Sn[91]	ST+97CR+PA	1110	—	12
Cu-15Ni-8Sn[161]	ST+90CR+PA	1256	—	7.5
Cu-2.7Ti[56]	ST+90CR+PA	950	1000	12
Cu-1.7Be[62]	ST+full hard+aged	990~1280	1170~1450	22~28
Cu-0.5Be-2.0Co[62]	ST+full hard+aged	690~825	760~895	50~60

注：ST 指固溶处理；PA 指峰时效；CR 指冷轧（%）；aged 指时效处理；extra hard 指极硬；full hard 指淬透。

在 450℃时效时，S0、S1 和 S4 冷轧合金的弹性模量 E 测量结果如图 4-6 所示。结果表明，Al 含量的增加提高了冷轧态合金的弹性模量；随着时效时间的延长，S1 合金的弹性模量呈增大趋势，而 S4 合金的弹性模量略有降低，反映了尺寸细小的 $L1_2$ 有序 Cu_3Au 结构 γ' 相的析出有利于提高合金的弹性模量，而尺寸较大的 B2 结构 β 相的析出对弹性模量的提高不利。总体来看，经低温形变热处理后，Cu-Ni-Zn-Al 合金的弹性模量在

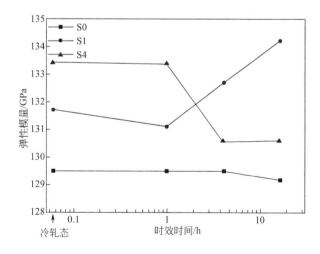

图 4-6　冷轧处理后不同 Al 含量 Cu-Ni-Zn-Al 合金在 450℃时效时的弹性模量曲线

130GPa 以上，与 Cu-Be 合金相当，是一种非常有潜力的 Cu-Be 合金材料的替代高强导电高弹性材料。

以上结果显示，经固溶-冷变形-时效后，Cu-Ni-Zn-Al 合金性能具有相当高的强度、硬度及良好的导电性能，其综合性能与高强 Cu-Be 系合金[8]、Cu-Ti 系合金[55-61,73] 和 Cu-Ni-Sn 系[91,161,208] 合金相当，有潜力成为新一代高强导电弹性铜合金。

4.3　Cu-Ni-Zn-Al 合金固溶-冷轧-时效时的组织结构

4.3.1　合金中相组成表征

4.3.1.1　析出相

经固溶-冷轧 80% 后，在 450℃ 时效时，不同时效状态的 Cu-Ni-Zn-Al 合金 X 射线衍射图谱如图 4-7 所示。从图中可以看出，在冷轧状态，Cu-Ni-Zn-Al 合金基体 X 射线衍射峰明显宽化，这主要是因为合金在冷轧过程中引入了大量位错等缺陷，引起了晶格畸变。另外，在时效过程中，Cu-Ni-Zn-Al 合金 XRD 图谱随着时效时间的延长而发生一定变化，反映了合金的组织结构在时效过程中发生了明显的变化；在相同时效状态下，Cu-Ni-Zn-Al 合金 XRD 图谱因 Al 含量的不同而存在较大差别，表明 Al 含量对合金时效过程中的组织演变起着重要作用，具体分析如下。

在 450℃ 等温时效过程中，S1 冷轧合金的 X 射线衍射变化如图 4-7(a) 所示。时效初期，S1 合金的 XRD 图谱中未见明显析出相的衍射峰；时效 128h 后，XRD 图谱中出现明显的第二相的衍射峰，而且，第二相具有与合金固溶-时效时析出相相同的结构，均为 L1$_2$ 型有序立方 Cu$_3$Au 结构的 γ′ 相。在时效过程中 S1 合金基体 X 射线衍射峰峰形并未见明显变化。

S2 冷轧合金基体衍射峰峰形在时效初期亦不见明显变化，基本保持着宽化状态，但在过时效状态时呈现明显尖锐化 [图 4-7(b)]，表明在 450℃ 时效后期该合金中晶格畸变程度、位错密度等明显降低。在 450℃ 时效 1h 时，S2 合金中析出相衍射峰隐约出现，主要有两种不同结构的析出相，分别为 L1$_2$ 型有序立方 Cu$_3$Au 结构的 γ′ 相和 B2 结构的 β 相。随着时效时间的延长，这两种结构的析出相衍射峰相对强度均逐渐增加，表明 S2 冷轧合金中的 γ′ 和 β 两种析出相的体积分数逐渐增加。在完全过时效

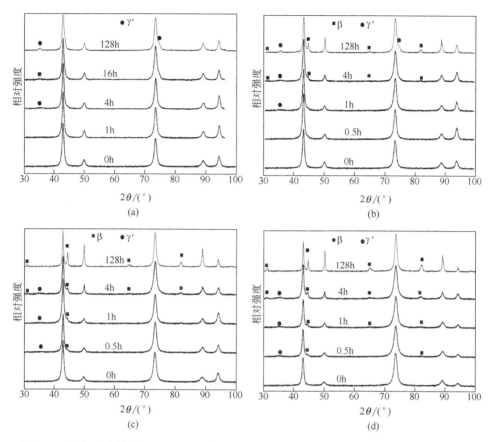

图 4-7 不同 Al 含量的 Cu-Ni-Zn-Al 合金经固溶-冷轧处理后在 450℃时效时的 XRD 图谱

(a) S1；(b) S2；(c) S3；(d) S4

状态下，S2 合金中 γ′和 β 两相衍射峰均具有较大的相对强度，说明过时效状态下 S2 冷轧合金中同时存在大量的 γ′相和 β 相。与固溶-时效析出过程（第 3 章）相比，经冷轧处理后，S2 合金在 450℃时效过程中出现了 B2 结构 β 相，这是由于冷轧变形处理加速了 B2 结构 β 相的析出。

在 450℃时效时，Al 含量为 2.0%的 S3 合金固溶-冷轧状态的基体衍射峰峰形宽化程度在时效初期亦未见明显变化，但在进入过时效状态（≥4h）后出现明显锐化［图 4-7(c)］，表明在过时效状态下合金基体中晶格畸变程度、位错密度等大大降低。从时效过程中 S3 合金的 XRD 图谱还可以看出，在时效初期即有 γ′相和 β 相析出；γ′相衍射峰相对强度在时效 4h 时达到最大，而在进入过时效状态后逐渐降低并最后消失；而 β 相衍射峰的相对强度随着时效时间的延长在欠时效状态下缓慢增大，当合金进入过时效状态时其衍射峰的相对强度明显增大。这说明，在时效初期，γ′相和β相同时在合金中析出，且以γ′相析出为主，其析出相体积分数随着时效时间的延长而逐渐增加；进入过时效状态后，合金中γ′相逐渐消失，只有更稳定的β相继续析出、长大。因此，S3冷轧合金在450℃时效时过时效状态下的析出相主要为β相。

Al含量最高（2.4%）的S4合金固溶-冷轧后在450℃时效时的X射线衍射图谱随时效时间的变化规律与S3冷轧合金相似［图4-7(d)］：在时效初期S4合金基体衍射峰峰形宽化基本保持不变，进入过时效状态（≥4h）后明显锐化。就析出相衍射峰来说，S4合金在时效初期同时析出γ′相和β相；γ′相衍射峰相对强度在时效4h时达到最大，在合金进入过时效状态后逐渐降低并消失；而β相衍射峰的相对强度随着时效时间的延长在S4合金达到峰时效前变化较小，在合金进入过时效后迅速增大。这再次表明，S4合金经固溶-冷轧后在450℃时效时首先同时析出γ′相和β相；在时效初期主要以γ′相析出为主，当进入过时效状态后，析出的γ′相逐渐消失，S4合金以β相析出为主；在完全过时效状态，该合金析出相主要为β相。

从以上对Cu-Ni-Zn-Al冷轧合金在450℃时效过程中XRD图谱的分析结果表明，在时效初期，四种合金均以γ′相析出为主；在时效中后期，Al含量最低的S1合金仍只见γ′相的继续析出；随着Al含量的增加，合金中逐渐析出β相，γ′相的相对含量逐渐降低；当Al含量为2.4%时，合金过时效状态下的析出相以β相为主。

为了进一步研究完全过时效状态合金析出相（即平衡相）的结构及组成，对Cu-Ni-Zn-Al合金在较高温度（500℃）完全过时效状态（256h）进行X射线衍射分析，结果如图4-8所示。从图4-8中可以看出，合金完全过时效状态下析出相（平衡）的组成与合金在450℃完全过时效状态下的析出相组成相同：Al含量最低的S1冷轧合金中的析出平衡相以L1$_2$型有序立方Cu$_3$Au结构的γ′相为主；而S2冷轧合金中的析出平衡相有两种：分别为γ′相和B2结构的β相；当Al含量进一步提高，S3和S4冷轧合金完全过时效状态下析出相以β相为主。从图4-8中还可以看出，在完全过时效状态下Cu-Ni-Zn-Al合金中析出相衍射峰均具有相当大的相对积分强度，表明Cu-Ni-Zn-Al合金中析出相的体积分数相当大。

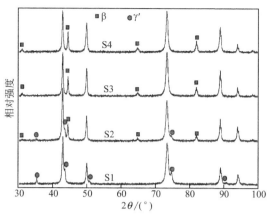

图 4-8　不同 Al 含量 Cu-Ni-Zn-Al 合金经固溶-冷轧处理后在 500℃时效 256h 的 XRD 图谱

4.3.1.2 Cu-Ni-Zn-Al 合金中位错密度

　　金属晶体的塑性变形过程就是位错不断增殖和运动的过程，位错密度随着冷变形程度的增加而逐渐增大。Cu-Ni-Zn-Al 合金在固溶处理后的冷轧过程中引入了大量位错、空穴等缺陷，其原子间结合键也发生明显变化，引起晶格畸变，并产生较强的宏观内应力，表现为合金 X 射线衍射峰峰形明显宽化和峰位往高角度偏移。在 X 射线衍射实验测量中，衍射峰具有一定的宽度，包含仪器宽度和物理宽度。仪器宽度是由 X 射线的不平行性、试样的吸收、光阑尺寸等仪器本身的因素造成的，在实验测量中基本不变。而物理宽度是由于晶块细化和晶格畸变而引起的衍射线宽化程度，其宽化程度随着晶块尺寸和晶格畸变量的变化而变化[209]。在 450℃时效过程中，Cu-Ni-Zn-Al 冷轧合金基体 X 射线衍射峰峰形宽化主要由晶格畸变（主要是位错密度）引起，峰位的偏移主要由宏观内应力和基体中溶质原子的析出引起，因此，衍射峰半高宽的变化可反映冷轧合金中位错密度的变化[210,211]。为了研究时效过程中冷轧合金组织晶格畸变（主要是位错密度）变化规律，对各时效状态 Cu-Ni-Zn-Al 合金基体 $(111)_m$ 和 $(220)_m$ 晶面的 X 射线衍射峰的半高宽（FWHM）进行测量，结果如图 4-9 所示。

　　从图 4-9 可以看出，在冷轧状态下，Cu-Ni-Zn-Al 合金基体衍射峰的 FWHM 随着 Al 含量的增加而逐渐增加，这表明 Al 含量的增加使得 Cu-Ni-Zn-Al 合金在冷轧过程中变形应力增大，形成的位错密度明显增加，从而增大合金的硬度和强度，这与相应状态下合金的硬度值和强度值与 Al 含量的关系相一致。在 450℃时效过程中，$(111)_m$ 和 $(220)_m$ 基体衍射峰

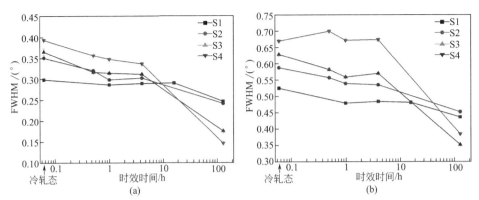

图 4-9　不同 Al 含量的 Cu-Ni-Zn-Al 合金经固溶-冷轧处理后在 450℃时效时

基体衍射峰半高宽（FWHM）变化规律

(a)(111)$_m$ 衍射峰；(b)(220)$_m$ 衍射峰

FWHM 随着时效时间的延长而呈下降趋势，表明在时效过程中合金内部位错密度逐渐降低。但是，在时效初期，（111)$_m$ 和（220)$_m$ 基体衍射峰 FWHM 的下降幅度不大。对于 S1 冷轧合金来说，（111)$_m$ 和（220)$_m$ 基体衍射峰的 FWHM 在时效前 16h 内先稍微降低后稍有上升，然后保持稳定，进入过时效状态后又逐渐降低（图 4-9）。在第 3 章对 S1 合金在固溶-时效过程的研究表明，在时效初期，S1 合金中的 γ′析出相以共格形式析出，由于晶格错配而引起析出相质点周围基体的晶格畸变，这种晶格畸变在 X 射线衍射中表现为衍射峰形的扭曲和宽化。相的共格析出阻碍了合金内部位错的移动和消逝；同时在时效初期因其与基体晶格错配而导致周边基体晶格畸变产生一定的位错，从而使得合金中的位错密度在退火消逝和共格析出相产生位错的共同作用下变化不大。当合金进入过时效状态后，基体过饱和度降低，使共格析出相形核密度降低；同时已经析出的析出相逐渐长大和粗化，与基体的共格界面失稳，使得位错因退火而消逝，导致基体内部位错密度逐渐降低，对应的基体衍射峰逐渐锐化。但是，γ′相粒子长大速率较慢，尺寸细小［对应着半高宽较大的析出相衍射峰，如图 4-7(a)］，对位错运动起到一定的阻碍作用，因此 S1 合金过时效状态下位错密度还保持在一个较高的程度，对应着 FWHM 值较大的基体衍射峰。

同样，当 Al 含量逐渐增加时，在时效初期，合金以 γ′相的共格析出为主，位错密度变化程度较小，基体衍射峰 FWHM 变化也较小（图 4-9）。随着时效时间的延长，过饱和溶质原子以 γ′相的形式共格析出逐渐向

γ′相的共格析出和β相的非共格析出同时进行转变；进入过时效状态后 Al 含量较高的 S3 和 S4 合金的析出相以非共格的β相为主，由于β相粒子尺寸相对粗大，对位错的退火消逝阻碍作用较弱，使得合金中位错密度明显降低，基体衍射峰出现明显锐化，FWHM 迅速降低。

4.3.2 金相组织

4.3.2.1 Cu-Ni-Zn-Al 合金固溶-冷轧处理后在不同温度时效 1h 后的金相组织

不含 Al 的 S0 合金经 925℃×1h 固溶-冷轧 80％处理后在 300℃、350℃、400℃和 500℃时效 1h 的金相组织如图 4-10 所示。从图中可以看到，在 300℃时效 1h 时，S0 冷轧合金组织仍为典型的冷变形组织，存在大量的滑移带；当温度升高到 350℃，S0 合金滑移带处出现少量再结晶晶粒，晶粒尺寸在 1～2μm。由于再结晶的驱动力是变形时与位错有关的储

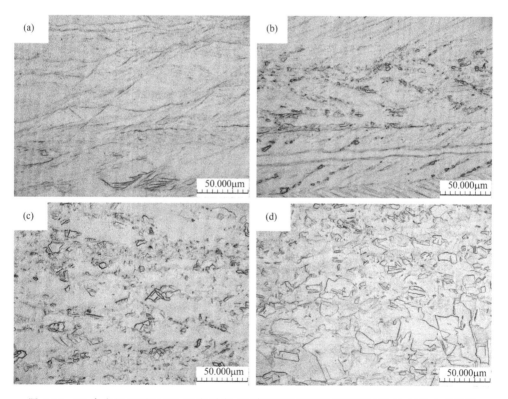

图 4-10　S0 合金经 925℃×1h 固溶-冷轧 80％处理后在不同温度下时效 1h 时的金相组织
(a) 300℃；(b) 350℃；(c) 400℃；(d) 500℃

能，再结晶将使这部分储能基本释放出来，再结晶晶核优先在滑移带、切变带等处生成并长大[191]。当温度升高到400℃时，滑移带处的再结晶晶粒向周边原始变形晶粒扩散，此时，S0合金组织为典型的再结晶组织。当在500℃时效1h后，S0合金变形组织完全为再结晶组织所替代，再结晶晶粒明显长大，这与S0合金在退火过程中硬度随时间的变化规律相符。

　　添加有Al的Cu-Ni-Zn-Al冷轧合金在不同温度时效处理1h后表现出与S0合金完全不同的组织变化规律。不同Al含量Cu-Ni-Zn-Al冷轧合金在450℃、500℃和600℃时效1h后的金相组织分别如图4-11～图4-13所示。从图4-11可以看出，在450℃时效1h后，四种Cu-Ni-Zn-Al合金组织中仍存在大量的滑移带，未见明显的再结晶组织，且组织因Al含量的不同而稍有变化。Al含量为1.2％时，S1合金组织主要为变形组织，滑移带中有极其细小的点状粒子出现［图4-11(a)］；随着Al含量的增加，点状析出相粒子明显增多、尺寸稍有增大。当时效温度升高到500℃时（图4-12），

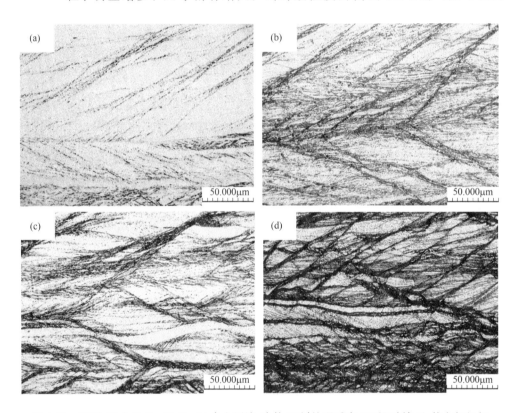

图4-11　不同Al含量Cu-Ni-Zn-Al合金固溶-冷轧80％处理后在450℃时效1h的金相组织
(a) S1；(b) S2；(c) S3；(d) S4

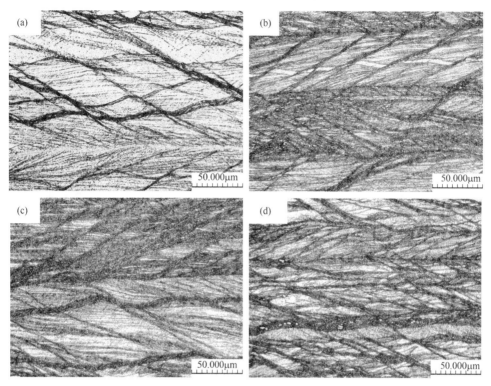

图 4-12　不同 Al 含量 Cu-Ni-Zn-Al 合金固溶-冷轧 80％处理后在 500℃时效 1h 的金相组织

(a) S1；(b) S2；(c) S3；(d) S4

Cu-Ni-Zn-Al 合金组织仍保持变形组织，仍分布有大量的滑移带，未见明显的再结晶发生。与较低温度下时效相比，S1 合金中点状析出相粒子有所增加，且在滑移带内和带间均有分布［图 4-12(a)］；随着 Al 含量的增加，合金中析出相粒子也逐渐增多，滑移带处逐渐出现明显的粗化析出相粒子，这种粗化的析出相粒子在 S4 合金中尤其多。当时效温度进一步升高到 600℃时（图 4-13），S1 合金组织中仍存在大量的冷变形滑移带等变形组织，仍未见明显的再结晶发生；而且在滑移带内和带间均分布着大量细小的析出相粒子［图 4-13(a)］。Al 含量较高的 S2、S3 和 S4 合金在 600℃时效 1h 后，其组织中仍有冷变形组织轮廓，未见明显的再结晶组织；但位错密度大的滑移带处析出大量的灰色析出相粒子，而位错密度较小的滑移带间主要分布尺寸极其细小的析出相粒子［图 4-13(b)～(d)］。

从不同温度时效处理 1h 后的金相组织可以明显看出，与 S0 冷轧合金

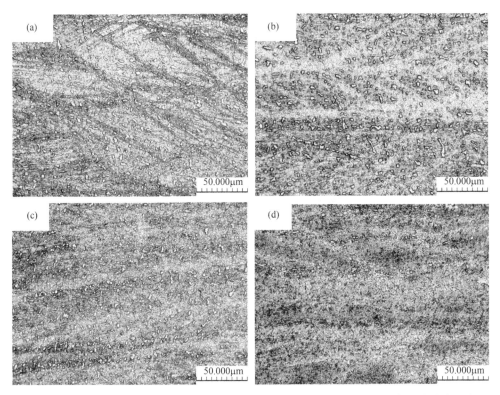

图 4-13　不同 Al 含量 Cu-Ni-Zn-Al 合金固溶-冷轧 80％处理后在 600℃时效 1h 的金相组织
(a) S1；(b) S2；(c) S3；(d) S4

相比，Al 含量的添加使得冷轧合金再结晶温度明显提高，即使在 600℃时效 1h，Cu-Ni-Zn-Al 冷轧合金均未见明显的再结晶发生，但组织中存在大量的析出相粒子，表明合金在时效过程中析出的第二相粒子明显延缓了 Cu-Ni-Zn-Al 合金冷变形组织的再结晶过程。另外，经 80％冷轧处理后，Cu-Ni-Zn-Al 合金在时效过程中未见明显的不连续析出发生，表明 80％的冷轧变形可以抑制合金中的不连续析出行为。

4.3.2.2 Cu-Ni-Zn-Al 合金固溶-冷轧处理后等温时效时的金相组织

在 450℃时效温度下，Cu-Ni-Zn-Al 冷轧合金峰时效和过时效状态的金相组织分别如图 4-14 和图 4-15 所示。从图 4-14 中可以得知，在 450℃时效时，四种 Cu-Ni-Zn-Al 冷轧合金峰时效状态下金相组织为典型的冷轧变形组织，未见明显的再结晶组织，但滑移带处可见尺寸细小的析出相粒子析出，滑移带间亦有少量细小析出相出现。

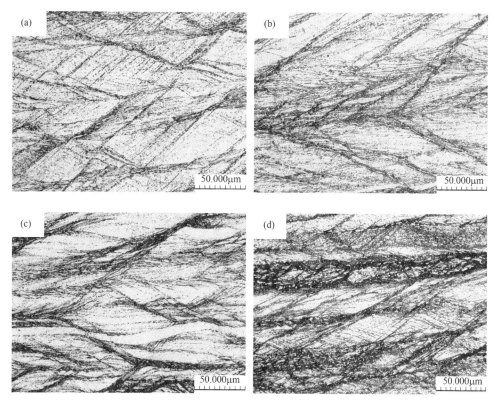

图 4-14　不同 Al 含量 Cu-Ni-Zn-Al 合金固溶-冷轧 80％处理后在 450℃时效
时峰时效状态的金相组织

(a) S1，4h；(b) S2，1h；(c) S3，1h；(d) S4，0.5h

　　在 450℃时效 128h 后，Cu-Ni-Zn-Al 冷轧合金均进入完全过时效状态。完全过时效状态的 Cu-Ni-Zn-Al 合金因 Al 含量的不同而呈现出明显不同的金相组织（图 4-15）。Al 含量为 1.2％时，过时效状态的 S1 合金中仍见大量冷轧时形成的滑移带，未见明显的再结晶发生；滑移带内和带间可见大量细小的点状析出相弥散分布，结合相应的 XRD 分析结果［图 4-7(a)］可以得知，这些点状弥散析出相为 γ′相粒子。Al 含量为 1.6％时，过时效状态 S2 合金亦可见明显的冷轧滑移带，未见明显再结晶发生；滑移带内和带间可见大量细小的点状析出相弥散析出，但滑移带较密集的区域还可见灰白色析出相集中析出［图 4-15(b)］。XRD 分析结果［图 4-7(b)］显示，S2 冷轧合金在过时效状态的析出相为 γ′相和 β 相。由此可

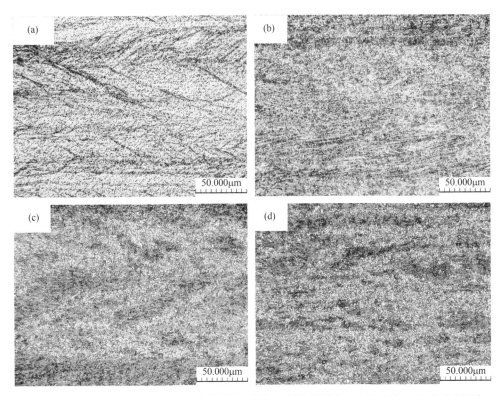

图 4-15　不同 Al 含量 Cu-Ni-Zn-Al 合金固溶-冷轧 80％处理后在 450℃时效 128h 的金相组织

(a) S1；(b) S2；(c) S3；(d) S4

以得知，金相组织中滑移带较密集区域析出的灰白色粒子很可能为 β 相粒子 [图 4-15(b)]。从第 3 章的实验分析结果得知，S2 固溶合金完全过时效状态的析出相主要为 γ′相，只见极少量的 β 相在晶界连续和不连续析出；但经冷轧 80％后再在 450℃时效 128h 时，S2 合金中出现大量 β 相粒子在滑移带密集的区域析出。这是因为，经大变形量的冷轧变形后，合金中引入了大量的位错、空位等缺陷，这些缺陷主要集中在滑移区，使得滑移区具有相对较高的储能，使得完全非共格 β 相粒子在滑移带较密集的区域得以较快析出，反映了冷变形处理促进了 β 相的析出。当 Al 含量进一步增加到 2.0％时，完全过时效状态 S3 合金隐约可见滑移带存在，但未见明显的再结晶晶粒 [图 4-15(c)]；在未滑移区可见大量 γ′相粒子均匀分布，而滑移区主要分布着灰白色 β 相粒子，且 β 相粒子体积分数较 S2 合金中有明显增加。而 Al 含量最高的 S4 冷轧合金过时效状态下冷轧变形组织已经不太明显，可见 γ′相粒子分布在未滑移区，而灰白色 β 相粒子在滑移带大量析出 [图 4-15(d)]。

4.3.3 拉伸断口扫描电子显微结构

在 4.2 节中对不同时效状态下的 Cu-Ni-Zn-Al 冷轧合金进行了力学性能测试，证实添加有 Al 的合金具有相当高的力学性能，且 Al 含量和时效时间对合金力学性能起着较为明显的影响。为进一步考察和分析经固溶-冷轧后在不同时效状态合金的拉伸断裂机理，利用 SEM 对 Cu-Ni-Zn-Al 冷轧合金拉伸试样断口形貌进行了观察。

图 4-16 为 S1 冷轧合金在 450℃时效时不同时效状态下的拉伸断口形貌。从图 4-16 可以明显看出，不同时效状态下，S1 合金拉伸断面上均分

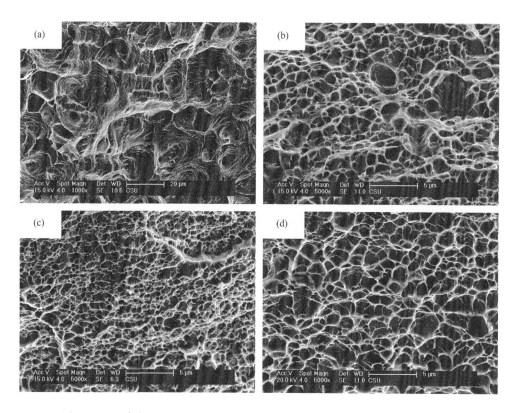

图 4-16　S1 合金经 925℃×1h 固溶-冷轧 80％处理后在 450℃时效时不同时效
状态下的拉伸断口扫描电子显微组织

（a）冷轧态；（b）欠时效；（c）峰时效；（d）过时效

布有大量的等轴韧窝，拉伸断口呈现出典型的韧性断裂特征。另外，不同时效状态的 S1 冷轧合金拉伸断面上的韧窝明显不同。在冷轧状态下，拉伸断口韧窝粗大（$10 \sim 20 \mu m$），韧窝内壁存在阶梯状同心条纹 [图 4-16(a)]；在 450℃时效 1h 时 [欠时效，图 4-16(b)]，韧窝密度明显增大，尺寸明显降低（$0.7 \sim 1.5 \mu m$），且韧窝内壁较光滑；当合金进入峰时效后 [图 4-16(c)]，韧窝密度进一步增大，尺寸进一步缩小 $0.3 \sim 0.8 \mu m$，这与该时效状态下 S1 合金具有最高的强度相符合；而过时效状态下韧窝尺寸又逐渐增大，韧窝深度明显增加，表明合金塑性有所改善 [图 4-16(d)]。这些特征与 S1 冷轧合金在时效过程中强度先逐渐增大、后稍有降低的变化规律一致。

金属材料的断裂是源于金属材料中空洞的形成、长大并发展成为裂纹，最后裂纹贯穿整个金属材料而断裂破坏[212]。空洞的形成容易发生在金属材料中较为粗糙的位置，如析出相粒子等。析出相粒子对合金拉伸断口形貌影响较大，尺寸较小且分布密集的析出相粒子促进韧窝形核，从而形成小而多的韧窝花样；尺寸较大、且分布变化不大的析出相粒子促进裂纹扩展，形成较大的韧窝花样。因此，S1 冷轧合金在时效过程中析出相粒子逐渐形核、析出并长大，从而使得合金不同状态拉伸断口中韧窝形貌发生相应的变化，也进一步反映了 Cu-Ni-Zn-Al 合金在时效过程中力学性能的变化规律。

不同 Al 含量 Cu-Ni-Zn-Al 冷轧合金在 450℃时效时峰时效状态下的拉伸断口形貌如图 4-17 所示。从低倍 SEM 照片看，各合金拉伸断口均为剪切韧性断口；高倍观察断裂面时发现断裂面分布着大量极其细小的韧窝，韧窝尺寸随着 Al 含量的增加而呈降低趋势。同时，在 Al 含量较高的 S3 和 S4 冷轧合金拉伸断口中出现尺寸较大的长条韧窝，且其断口表面低倍下断裂纹棱明显增多。M. Besterci 等[213] 认为，第二相粒子与基体的界面也是裂纹的滋生源，在析出相粒子较集中的地方，裂纹往往更容易产生和扩展。从相应状态下 Cu-Ni-Zn-Al 合金的金相组织得知，当 Al 含量增加时，冷轧合金时效过程中在滑移带的析出相粒子也越多；当滑移带密度达到一定值时，析出相粒子在滑移带密度大的区域集中析出；而且，尺寸粗大的 β 相粒子主要在滑移带密度高的区域大量析出。因此，Cu-Ni-Zn-Al 合金材料因析出相粒子局部大量析出而致使较大裂纹生成并迅速扩展，最后导致合金试样突然断裂。因此，析出相粒子在合金时效过程中的不均匀析出不利于合金性能的改善和提高。

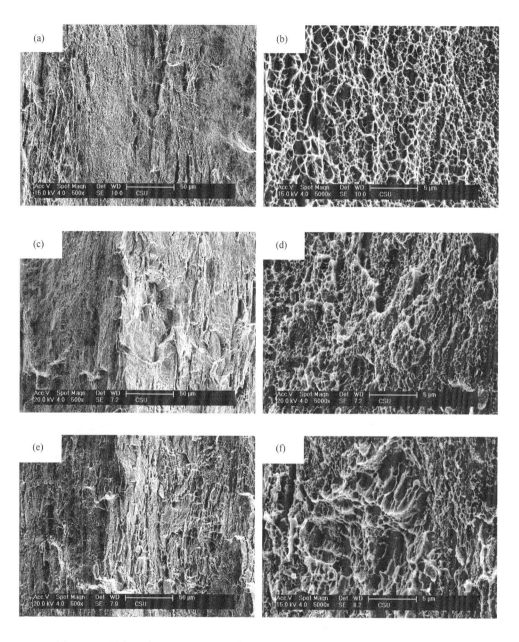

图 4-17　不同 Al 含量 Cu-Ni-Zn-Al 合金固溶-冷轧 80％处理后在 450℃时效时峰
时效状态下的拉伸断口扫描电子显微组织

(a)(b) S2；(c)(d) S3；(e)(f) S4

4.3.4 透射电子显微结构

图 4-18 为不同 Al 含量 Cu-Ni-Zn-Al 冷轧合金 450℃时效时峰时效状态下析出相的透射电子显微组织。从图中可以看出，S1 和 S2 冷轧合金中点状析出相在基体未变形区弥散分布，并与基体呈共格界面［图 4-18(a) 和 (b)］。Al 含量较高的 S3 和 S4 冷轧合金存在两种不同形貌的析出相

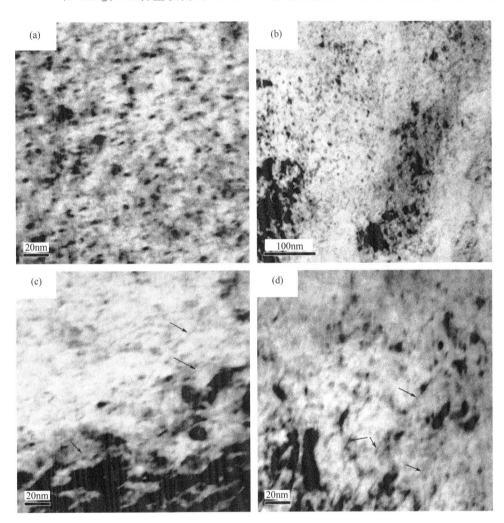

图 4-18　不同 Al 含量 Cu-Ni-Zn-Al 合金固溶-冷轧 80％处理后在 450℃时
效时峰时效状态下的透射电子显微组织

(a) S1；(b) S2；(c) S3；(d) S4

[图 4-18(c) 和 （d）]：一种是细小的点状析出相，弥散分布在基体中，与基体呈共格关系；另一种为长针状，主要分布在位错密度较大的变形区 [图 4-18(c) 和 （d） 中箭头所指]，S4 冷轧合金组织中尤其明显。

4.4　固溶-冷轧-时效的强化机制

4.4.1　Cu-Ni-Zn-Al 冷轧合金时效析出与再结晶的交互作用

对 Cu-Ni-Zn-Al 合金固溶-冷轧-时效过程中性能和组织变化的研究发现，过饱和的 Cu-Ni-Zn-Al 固溶态合金经冷轧处理后，不仅增加了时效过程中析出相的析出动力，而且在时效过程中会出现脱溶析出、回复和再结晶三个过程，它们之间的交互作用，对时效后合金的组织和性能产生相当大的影响。本小节主要分析和讨论时效析出和再结晶的交互作用及其对 Cu-Ni-Zn-Al 合金组织与性能的影响。

对于单一的再结晶过程，再结晶开始时间 t_R（孕育期）仅由动力学因子决定，在一般情况下，它与温度的关系可用阿伦尼乌斯方程表示，再结晶过程的动力学方程为[192,214]：

$$t_R = K_R \exp[Q_R/(RT)] \tag{4-1}$$

式中，t_R 为再结晶开始时间；K_R 为常数，含有反应驱动力、熵项及几何因素；Q_R 为再结晶形核激活能，随位错密度增加而稍有降低；R 为摩尔气体常数；T 为热力学温度。

对于单一的时效析出过程，开始析出时间 t_P（孕育期）除与动力学因子有关外，还决定于热力学因子。时效析出过程动力学方程可用式（4-2）表示[191,215]：

$$t_P = K_P \exp[(Q_D + Q_P)/(RT)] \tag{4-2}$$

式中，t_P 为析出相开始析出时间；K_P 为常数，含有熵项及几何因素；Q_D 为扩散激活能；Q_P 为第二相形核激活能，与平衡温度以下的过冷度（即热处理温度）和基体中的缺陷结构有关，温度低（过冷度大）时 Q_P 比扩散激活能小。

从式（4-1）和式（4-2）可以看出，再结晶开始时间 t_R 和时效析出时间 t_P 由激活能和时效温度确定，而冷轧变形处理对再结晶激活能 Q_R 的影响较大。在冷轧作用下，合金内部可产生高密度位错，减小了再结晶的激活能；因而，在后续时效过程中，变形量大的合金再结晶速率较快。由式

(4-1) 和式(4-2)可以画出再结晶和时效析出的动力学曲线，如图 4-19 所示[216]。图中，R_s、P_s 线分别代表再结晶和时效析出的开始转变线，T_1 为发生时效析出的上限温度，T_R 为再结晶的下限温度，T_2 为临界温度，P_s' 为受再结晶影响的时效析出开始转变线，R_s' 为受析出影响的再结晶开始转变线。

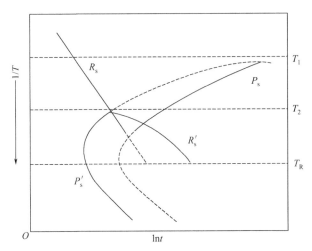

图 4-19　过饱和固溶体的析出与再结晶交互作用示意图

从图 4-19 中可以看出，合金经固溶-冷轧处理后再进行时效处理时，时效析出与再结晶的交互作用可能出现以下几种情况：①温度高于 T_1 时，合金固溶体过饱和程度低，时效析出不明显，因此再结晶过程在析出相析出之前完成，能够影响再结晶的因素可能是过饱和固溶体内溶质原子的偏聚；②时效温度在 $T_1 \sim T_2$ 之间时，再结晶过程优先开始，但在再结晶过程中会出现时效析出，时效析出相相当于在部分或全部消除变形亚结构的再结晶组织上进行，析出过程与固溶后直接时效析出相近，同时对再结晶继续产生影响；③当时效温度在 $T_2 \sim T_R$ 之间时，合金中首先发生时效析出过程，由于冷变形的作用，析出相的脱溶析出具有择优性，在位错、空位、亚晶界等缺陷处形核，并且阻碍合金回复时位错的移动、再结晶的形核和再结晶晶界的迁移，影响位错的重新分布，从而对回复和再结晶产生强烈的抑制作用，使得再结晶被推迟；④当时效温度低于 T_R 时，冷轧合金中再结晶不能进行，只有时效析出发生。由此可见，合金低温形变热处理过程中时效析出行为与再结晶的交互作用主要取决于 T_2 值：当 $T > T_2$

时，再结晶先发生并延缓时效析出过程，反之则先发生时效析出过程并使再结晶孕育期改变。

从时效过程中力学性能曲线及组织观察可知，在本文选取的时效工艺条件下，Cu-Ni-Zn-Al冷轧合金的时效析出要先于再结晶发生。合金时效过程中，优先析出的细小弥散分布的析出相粒子，能够强烈地钉扎位错，阻碍位错的运动，而使位错滑移所需的切应力大大提高，对冷轧组织中的亚结构具有稳定化的作用，从而阻碍位错运动及其与亚晶界的组合，使合金在相当长的时效过程中保持较高的位错密度，延缓变形组织的回复和再结晶形核的开始。同时，在再结晶形核和长大过程中，由于析出相优先在位错密度较高的滑移带上析出，弥散分布的高密度析出相粒子钉扎在已经回复形成的亚晶晶界上，阻碍再结晶晶粒的形核和长大，抑制了变形组织的再结晶，提高了合金的再结晶温度。如无时效析出强化效应的S0冷轧合金在450℃时效1h后硬度就明显降低，而且金相组织观察显示再结晶过程已经基本完成；而添加1.2%~2.4%Al的Cu-Ni-Zn-Al冷轧合金在时效析出过程中析出大量细小的析出相粒子，在450℃时效0.5~4h即产生了明显的时效硬化，而未见明显的再结晶过程发生。但是，当时效温度较高时（≥550℃），尽管析出相粒子对位错存在钉扎作用，但由于再结晶的激活能Q_R较低，再结晶也加速进行，抵消了部分时效析出硬化效果；同时，再结晶过程可能先于析出相的时效析出，使得Cu-Ni-Zn-Al合金在高温时效过程中硬度峰值明显降低，并随着时效温度的继续升高而迅速软化（图4-1）。

Cu-Ni-Zn-Al冷轧合金在450℃时效时，时效初期大量析出相粒子在基体中析出。但是，在再结晶过程中，这些析出相粒子可能在迁移的晶界前沿被溶解或粗化。再结晶的驱动力是冷轧变形时与位错有关的储能，再结晶将使这部分储能基本释放[217]。在再结晶初期，变形组织基体上产生新的无畸变再结晶晶核，并为大角度晶界环绕或部分环绕。晶核形成后，借界面的移动而向周边畸变区长大。界面迁移推动力为无畸变的新晶粒本身与周边畸变基体之间的应变能差。再结晶的驱动力P_R与位错密度ρ的关系可由式（4-3）表示[191,218]：

$$P_R = AGb^2(\rho_0 - \rho_1) \qquad (4\text{-}3)$$

式中，A为常数；G为剪切模量；b为Burger矢量；ρ_0和ρ_1分别为变形基体和再结晶晶粒内的位错密度。由于析出相粒子的析出，单位面积晶界迁移推动力P_p表示为式（4-4）：

$$P_P = 3f\gamma_b/D \qquad\qquad (4\text{-}4)$$

式中，f 为析出相粒子的体积分数；γ_b 为界面能；D 为析出相粒子的直径。从式（4-3）和式（4-4）可以看出，P_P 小于 P_R 时，再结晶前沿（晶界）才能发生迁移。这种典型的再结晶过程即为不连续再结晶。而当 P_P 大于 P_R 时，再结晶过程中的晶界运动受到析出相粒子阻碍，不连续再结晶将被抑制，此时合金组织变化由脱溶析出的析出相粒子的形成与溶解所控制。析出相粒子的析出减少了溶质原子在位错上的偏聚，使无析出相析出区域中的位错易于移动，位错密度降低。由于细小的析出相粒子对位错的钉扎作用，无位错区（低位错密度区）的尺寸与析出相粒子间的距离相当。位错的进一步重排将取决于析出相粒子的变化。随着时效时间的延长，细小的析出相粒子会发生粗化，即小粒子不断溶解，大粒子不断长大的熟化过程，析出相粒子间的间距增加。一旦细小粒子溶解，它们对位错的钉扎作用消失，原来由它们所限定的亚晶界将通过 Y 型节点的运动及亚晶界的转动而湮灭。这个过程不造成大角度界面迁移，但由于亚晶不断长大而形成一种有粗大亚晶的组织，即原位再结晶或连续再结晶。从前述表征结果可知，在时效过程中，析出相粒子在位错密度大的滑移带附近优先析出，附近基体内溶质原子在更早的时效时间内达到平衡，析出相粒子长大较快；同时，由于位错密度相对较大，合金再结晶驱动力也相对较大，更容易发生再结晶。因此，在等温时效过程中，位错密度较高的滑移带区域析出相粒子尺寸明显较大，并在时效后期优先在滑移带处发生再结晶。

在相同的时效状态下，当 Al 含量较低时，Cu-Ni-Zn-Al 冷轧合金中位错密度相对较小（图 4-9），析出相尺寸相对较小；Al 含量较高时，冷轧合金中位错密度相对较大，滑移带处析出相粒子（特别是 β 相粒子）尺寸相对较大，再结晶较易在滑移带发生。同时，经变形量为 80% 的冷轧处理后，Cu-Ni-Zn-Al 冷轧合金在实验温度（300～600℃）的时效过程中均未见明显的不连续析出发生。冷变形合金中的不连续析出一般发生在不连续再结晶过程中，且一般以两种方式产生：一种是在原始晶界处形成；另一种是迁移界面扫过析出相粒子时产生溶解，重新以不连续方式析出而形成[216]。而冷变形程度较大（80%）、析出过程较快的 Cu-Ni-Zn-Al 合金在时效过程中的再结晶主要以连续方式进行，因而不发生不连续析出行为。

由以上分析可以得知，Cu-Ni-Zn-Al 合金在时效过程中共格析出大量细小的析出相粒子，强烈地阻碍了合金中亚晶界和位错的运动，明显推迟了合金中冷变形组织的再结晶过程，大幅度提高了合金的再结晶温度。经变形量为 80% 的冷变形后，Al 含量为 1.2%～2.4% 的 Cu-Ni-Zn-Al 合金在 450℃ 保温处理 128h 后仍未见明显的再结晶发生。

4.4.2 Cu-Ni-Zn-Al 合金固溶-冷轧-时效时力学性能强化机制

对于时效强化型合金来说，将固溶处理后的合金加以冷变形可以大大增加合金内部位错、空位等缺陷的数量，使点阵畸变及内能升高，从而在时效的过程中为析出相的形核及生长提供有利条件[219]，加速析出过程的进行。因此，时效前冷轧处理对合金时效过程中力学性能的影响不容忽视。

在低温时效时，未添加 Al 的 S0 冷轧合金只发生回复与再结晶过程，无退火硬化效应，硬度呈单调下降趋势，出现退火软化效应，合金强度和硬度较低。添加了 Al 的 Cu-Ni-Zn-Al 冷轧合金，经过固溶处理后形成过饱和固溶体，通过冷轧处理又引入大量位错，使合金的硬度和强度得到大幅度提高；在随后的时效过程中，这些位错促进 Ni、Al 等溶质原子以第二相的形式沿位错快速析出；冷变形组织亦发生回复，形成亚晶组织，使得合金通过析出强化和亚结构强化而进一步强化。因此，Cu-Ni-Zn-Al 冷轧合金在低温进行时效处理时，由于大量位错和空位的存在，有利于析出相粒子形核析出，脱溶析出过程因此而加速，析出相粒子也更加弥散。与此同时，析出过程先于再结晶过程发生，析出相粒子可阻碍多边化等回复和再结晶过程。因此，在一定时效温度时，时效初期 Cu-Ni-Zn-Al 冷轧合金硬度和强度随着时效时间的延长而逐渐增大，强化机制主要为时效析出强化和形变强化。由于冷轧后合金内能高、位错密度大，原子扩散及形核位置增多，析出相粒子的析出速率明显加快，析出相长大速率也加快，使得过饱和基体中溶质原子在相对更短的时间内达到平衡，析出相体积达到基本稳定，合金强度和硬度达到峰值。随着时效时间的进一步延长，析出相粒子逐渐长大，密度逐渐降低，合金变形基体开始发生局部再结晶，使得合金内部位错密度逐渐降低（图 4-9），从而使得合金硬度和强度逐渐下降（图 4-3 和图 4-5）。另外，变形量为 80% 的冷轧处理还有效地抑制了 Cu-Ni-Zn-Al 合金时效过程中的不连续析出，有利于提高合金的综合性能。

时效温度过低（350℃）时，合金中溶质原子析出动力较小，析出不完全，不利于析出强化的充分发挥，因此其峰值硬度相对较低；另外，温度过低，冷轧变形组织的回复过程缓慢，无再结晶发生，因而合金不易软化（图4-3）。时效温度越高，析出相析出动力越大，析出速率越高，合金达到峰时效的时间就越短；但是，当时效温度过高（≥500℃）时，析出相粒子长大速率过快，析出相粒子对再结晶的抑制作用降低，冷轧变形组织容易发生再结晶，使得合金硬度和强度下降，不利于获得最佳的力学性能。因此，Cu-Ni-Zn-Al冷轧合金合适的时效温度为400～450℃，时效时间为0.5～8h。此时，合金可获得较好的力学性能：拉伸强度$\sigma_b = 901 \sim 1155$MPa，屈服强度$\sigma_{0.2} = 844 \sim 1125$MPa，延伸率$\delta = 1.1\% \sim 4.0\%$，电导率$EC = (9 \sim 15)\%$IACS，弹性模量$E = 130 \sim 134$GPa。

Al含量对合金固溶-冷轧-时效过程力学性能的影响也不容忽视。随着Al含量的增加，冷轧变形后的固溶体过饱和度增加，析出动力大，在相同的时效状态下析出相体积分数增大，使得合金硬度值也逐渐增大，但达到峰时效的时间逐渐缩短。同时，冷轧合金中存在大量的空位、位错等缺陷，特别是位错集中的滑移带，大大增加了合金内能，也为完全非共格β相粒子的析出创造了很好的条件，加速了合金中完全非共格β相粒子的析出。但是，粗大的析出相粒子对位错和晶界的钉扎能力较弱，使得再结晶过程较易发生。因此，Al含量较高的S3、S4冷轧合金由于大尺寸β相粒子在滑移带的大量析出和再结晶而使其在高温时效过程中更容易软化［图4-3(c)和(d)］，而析出共格γ'相粒子的S1和S2冷轧合金的抗过时效软化能力相对较强［图4-3(a)和(b)］。

4.4.3 Cu-Ni-Zn-Al合金固溶-冷轧-时效时电导率强化机制

固溶态合金经冷轧处理后，固溶体基体晶格点阵发生畸变，并引入了大量位错、空位等缺陷，增加了对电子波的散射，使得固溶态合金冷轧80%后电导率稍有降低。但是，冷变形对电导率影响有限，而影响合金电导率的主要因素是固溶体基体中的溶质原子。由4.4.2节中分析结果可以得知，时效前进行冷轧处理有利于析出相粒子的析出与长大，使得过饱和固溶体中的过饱和溶质原子在更短的时间内得以析出，且析出程度得以增加。所以，时效前的冷轧变形可以加快合金电导率的提高，且增大幅度较固溶时效时明显加大。

时效温度较低（450℃）时，溶质原子的析出动力较低，析出过程相对较缓，因而合金电导率在时效过程中增速较低，达到最大值的时间稍长［图4-4(a)］；当时效温度较高（500℃）时，在冷轧变形后，溶质原子的析出动力明显增大，析出过程明显加快，析出程度也加深，使得合金电导率在很短的时效时间内即达到最大值 [图 4-4(b)]。

在时效过程中，Al 含量对 Cu-Ni-Zn-Al 冷轧合金电导率具有明显的影响（图 4-4）。由于 Cu-Ni-Zn-Al 合金在时效过程中析出相成分为富 Al、Ni 的 γ′和 β 相，且两种析出相中均含有部分 Zn 和 Cu 原子，因此，合金中 Al 含量越低，时效析出时固溶体基体中 Ni、Cu、Zn 等原子析出也就越低，致使其电导率亦稍低；反之，Al 含量较高的合金电导率较高。另外，Al 含量较低的 S1 和 S2 冷轧合金在时效过程中析出相主要为 γ′相，γ′相在时效初期与基体界面为共格界面，引起其周边基体严重晶格畸变。而合金时效过程中电导率与共格析出相周围应力场的改变及基体内溶质原子的固溶度有关[220-222]。时效初期，在共格析出 γ′相粒子及其与基体共格界面的综合作用下 S1 和 S2 合金电导率增长幅度相对缓慢，电导率相对较低，达到电导率平衡值所需的时间较长。而 Al 含量较高的 S3 冷轧合金在时效初期析出 γ′相，在时效中后期（过时效），与基体完全非共格的 β 相在滑移带和晶界处连续析出，大大提高了合金的电导率。而 Al 含量最高的 S4 合金在时效初期共格析出 γ′相，同时，与基体完全非共格的 β 相同时在晶界和滑移带析出。由于 β 相为 B2 结构，其成分中 Ni 的原子分数相对 γ′相较低，使得时效后基体中 Ni 原子浓度相对较高，不利于合金电导率的进一步升高（图 4-4）。从 XRD 图谱可以看出（图 4-8），随着 Al 含量的增加，Cu-Ni-Zn-Al 合金冷轧-时效后期 γ′相衍射峰逐渐降低，而 β 相衍射峰相对强度逐渐增大，表明 β 相粒子相对含量逐渐增加。Al 含量较高的 S3 和 S4 合金时效过程中脱溶析出的溶质原子浓度可能基本接近，因而其电导率也相差不大。S3 和 S4 冷轧合金在 500℃时效 256h 时的析出相衍射峰均主要为 β 相，说明这两种合金在完全过时效状态下析出相由 γ′相向 β 相完全转变，γ′相中 Ni 等溶质原子重新溶入固溶体，使得 S3 和 S4 合金电导率稍有降低（图 4-4）。

综上所述，时效前冷轧处理提高了 Cu-Ni-Zn-Al 合金在时效过程中电导率的增速和增幅，其电导率可达（9～15）%IACS；同时，合金电导率随 Al 含量的增加而先增加后稍降低，S3 冷轧合金具有最大的电导率。

第**5**章
含 Al 镍黄铜合金时效析出动力学

5.1 引言

第 3 章和第 4 章系统讲述了 Cu-Ni-Zn-Al 合金在固溶-时效以及固溶-冷轧-时效过程中的时效析出行为，过饱和的 Cu-Ni-Zn-Al 合金在低温时效过程中分解为饱和的 α 固溶体和析出相（γ′相、β 相）。γ′相的共格析出可以使 Cu-Ni-Zn-Al 合金得到明显的强化。控制析出相的析出行为，调整合金的显微组织，可以使合金的强度、电导率、弹性等得到较好的匹配。而合金的显微组织受析出相的种类、数量、形貌、分布等因素的影响，这些因素又与合金相变动力学有着密不可分的联系。为了更好地说明 Al 含量和冷变形对其时效析出行为的影响，本章选取固溶-500℃等温时效、固溶-冷轧 80%-450℃等温时效两个时效工艺过程，采用电阻法研究 Cu-Ni-Zn-Al 合金等温时效过程中的相变动力学问题，并进一步分析了影响等温相变的相关因素。

5.2 电阻法研究合金时效动力学的原理

对于合金固态相变而言，其转变动力学可以通过与温度和时间有密切关系的相关物理量的研究来确定[214,223,224]。这些物理量包括膨胀系数、体积、硬度、电阻、热焓等，相转变程度（f）与这些物理量之间的关系可写成[225]：

$$f = \frac{p_{(t)} - p_0}{p_1 - p_0}, \quad 0 \leqslant f \leqslant 1 \tag{5-1}$$

式中，$p_{(t)}$ 表示相变过程中所测物理量的测量值；p_1 和 p_0 分别表示相变开始和结束时所测物理量的值。Johnson-Mehl-Avrami 方程（JMA 方程）是析出形核-长大型相变过程中相转变程度与时间关系的一种唯象理论，它将相变的各个过程进行综合后用于相变过程的宏观描述，给出了相转变量和时间的关系，已广泛应用于等温相变动力学问题的研究。根据相变动力学的 JMA 方程，等温相转变程度可以表示为[226,227]：

$$f = \frac{p_{(t)} - p_0}{p_1 - p_0} = 1 - \exp(-kt^n) \tag{5-2}$$

式中，k 为温度常数，与析出长大速率有关，对温度变化敏感，取决于相变温度、原始相的成分和晶粒大小等因素；n 为 Avrami 指数，用于描述析出过程特征，取决于相变类型和形核位置，反应时效析出时析出相的形核和长大机理，在较大温度范围内与温度无关；t 为相对时效时间（包含了相变孕育时间），h。

从时效动力学的研究现状来看，主要的实验方法有金相法、硬度法[228]、膨胀法[229]、X 射线分析法[230,231]、电阻法[232,233] 和磁性法等，其中电阻法最为常用。电阻是材料的本征物理特征，对金属及合金的组织、结构变化十分敏感，故电阻分析是研究金属，特别是研究合金时效动力学的一种很有效的方法，电阻率随等温时间的变化规律对应于合金在等温时效过程中所发生的相转变。在时效过程中，随着第二相的析出，合金电阻会发生显著的变化。在等温时效过程中，合金的电阻率随时间变化多由时效引起，电阻率的变化可以认为是合金时效过程中相转变程度的变化。因此，在等温时效情况下，相转变程度 f 与时间 t 的关系式(5-2) 可表示为：

$$f = \frac{\Delta\rho}{\Delta\rho_{max}} = 1 - \exp(-kt^n) \tag{5-3}$$

式中，$\Delta\rho$ 是等温 t 时间时合金电阻率的变化量，与析出相的析出量对应；$\Delta\rho_{max}$ 为在该时效温度下电阻率变化的最大值，对应于析出相的平衡转变量。对式(5-3) 两边取对数得：

$$\ln\left[\ln\left(\frac{1}{1-f}\right)\right] = \ln k + n\ln t \tag{5-4}$$

由式(5-4) 可知，在 $\ln\{\ln[1/(1-f)]\}$ 和 $\ln t$ 坐标系中，二者应为直线关系，直线斜率为 n，截距为 $\ln k$，从而得到 JMA 方程中的 Avrami 指数 n 和温度常数 k。

5.3 Cu-Ni-Zn-Al 合金固溶-时效析出动力学研究

将经 925℃×1h 固溶处理、500℃等温时效过程中 Cu-Ni-Zn-Al 合金的电阻值代入式(5-3) 和式(5-4) 中，得到等温时效过程中不同 Al 含量 Cu-Ni-Zn-Al 合金的 $\ln\{\ln[1/(1-f)]\}$ 与 $\ln t$ 的关系图，如图 5-1 所示。由图 5-1 可见，500℃等温时效过程中，不同 Al 含量 Cu-Ni-Zn-Al 合金的 $\ln\{\ln[1/(1-f)]\}$-$\ln t$ 图基本呈线性关系（偏离部分可能由再结晶、位错线密度变化引起），直线的斜率即为 JMA 方程的 Avrami 指数 n，截距即为与温度有关的温度常数 k 的对数。

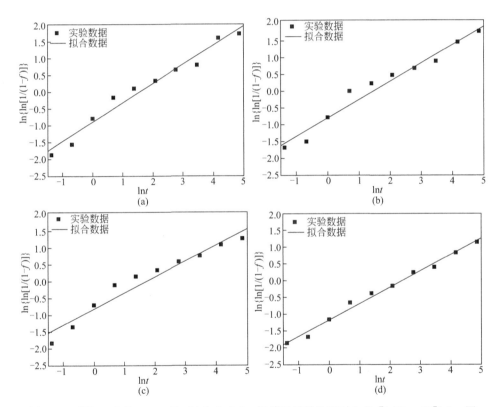

图 5-1　不同 Al 含量 Cu-Ni-Zn-Al 合金在 500℃等温时效处理时 $\ln\{\ln[1/(1-f)]\}$-$\ln t$ 图
(a) S1; (b) S2; (c) S3; (d) S4

表 5-1 给出了 500℃等温时效过程中 Cu-Ni-Zn-Al 合金的 JMA 方程中的 n 值和 k 值。从表 5-1 中可以看出，经 925℃×1h 固溶后，Cu-Ni-Zn-Al

合金在 500℃等温时效时的 n 值随着 Al 含量的增加而稍有降低，但彼此相差幅度不大，均在 0.5 左右。根据动力学定律，对于长程扩散控制的相变过程，n 值在 0.5 左右时表示合金中相变以大的片状析出相的增大、增厚并相互吞并为主[234]（例如边缘互相挤碰，侧向不再生长），且这些析出相粒子间的间距较小，这与相应时效过程中电子显微分析中得到的组织形貌相符。从表 5-1 还可以得知，Al 含量最低的 S1 合金 n 值最大，为 0.57；随着 Al 含量的增大，n 值稍有降低；Al 含量较高的 S3 和 S4 合金的 n 值最低，分别为 0.47 和 0.48。JMA 方程中 Avrami 指数 n 的值取决于相变类型和形核位置。这反映了 Al 含量影响了 Cu-Ni-Zn-Al 合金时效过程中的相转变过程，这与第 4 章对合金时效析出行为的分析结果相符：Al 含量较低的 S1 和 S2 合金以晶内连续析出 γ' 相为主，只存在少量的晶界析出；而 Al 含量较高的 S3 和 S4 合金在时效过程中除连续析出 γ' 相外，晶界析出稍有增加，同时还析出 B2 结构的 β 相。

⊡ 表 5-1　不同 Al 含量 Cu-Ni-Zn-Al 固溶合金等温时效时 JMA 方程中的n 值和k 值

试样编号	参数	
	n	k
S1	0.57	0.404
S2	0.53	0.435
S3	0.47	0.436
S4	0.48	0.311

　　根据动力学定律，JMA 方程中温度常数 k 的值取决于相变温度、原始相的成分和晶粒大小等因素。表 5-1 中 k 值变化规律初步反映了相应合金原始相的成分和晶粒大小的变化：S1、S2 和 S3 合金原始相的成分均为单相 α 固溶体，晶粒尺寸基本相当，其 k 值逐渐增大，反映了合金中 Al 含量逐渐增大。

　　将表 5-1 中各合金的 n 值和 k 值代入 JMA 方程 ［式(5-4)］，得到不同 Al 含量 Cu-Ni-Zn-Al 固溶合金在 500℃等温时效的相变动力学方程：

$$f_{S1} = 1 - \exp(-0.404 \times t^{0.57}) \tag{5-5}$$

$$f_{S2} = 1 - \exp(-0.435 \times t^{0.53}) \tag{5-6}$$

$$f_{S3} = 1 - \exp(-0.436 \times t^{0.47}) \tag{5-7}$$

$$f_{S4} = 1 - \exp(-0.311 \times t^{0.48}) \tag{5-8}$$

式(5-5)～式(5-8) 的相变动力学方程较好地描述了 S1～S4 合金中过饱和 α 固溶体分解过程中相转变程度与时效时间的关系。

利用所到的各合金在 500℃ 等温相变动力学方程，对相应的相变动力学理论曲线进行绘图，并与实验所测得的曲线进行对比，从而验证所得动力学方程的可靠性。图 5-2 即为各 Cu-Ni-Zn-Al 固溶合金在 500℃ 等温时效动力学计算曲线与实验所得曲线的对比。从图 5-2 中可以看出，计算动力学曲线与实验曲线基本吻合。也就是说，动力学方程式(5-5)～式(5-8) 较好地描述了 Cu-Ni-Zn-Al 固溶合金在 500℃ 等温时效过程中的主要相转变过程。

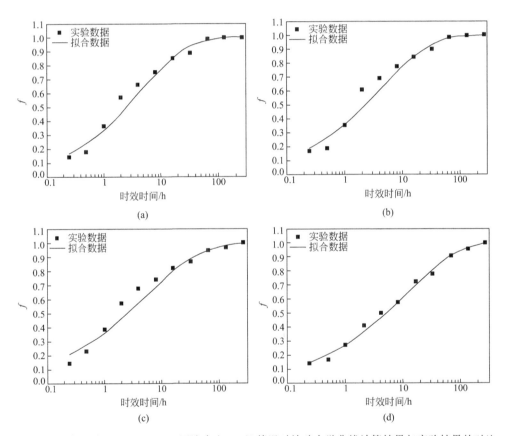

图 5-2　不同 Al 含量 Cu-Ni-Zn-Al 固溶合金 500℃ 等温时效动力学曲线计算结果与实验结果的对比

(a) S1；(b) S2；(c) S3；(d) S4

5.4 Cu-Ni-Zn-Al合金冷轧-时效动力学行为

在第4章中，对经925℃×1h固溶、80％冷轧处理后的Cu-Ni-Zn-Al合金在450℃进行等温时效时的电导率进行了测定，将相应的电阻值代入式(5-3)及式(5-4)，得到如图5-3所示的$\ln\{\ln[1/(1-f)]\}$-$\ln t$的关系图。

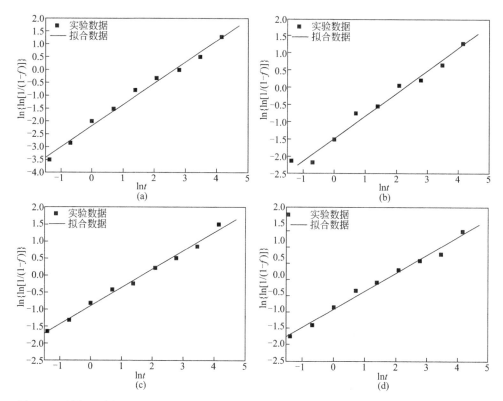

图 5-3 不同 Al 含量 Cu-Ni-Zn-Al 冷轧合金在 450℃等温时效处理时 $\ln\{\ln[1/(1-f)]\}$-$\ln t$ 图
(a) S1; (b) S2; (c) S3; (d) S4

由图5-3可见，在450℃等温时效过程中，四种Cu-Ni-Zn-Al冷轧合金的$\ln\{\ln[1/(1-f)]\}$与$\ln t$均基本呈直线关系，表明经冷轧合金在该温度下的等温时效过程中析出行为基本相同。表5-2给出了该时效温度下对应各Cu-Ni-Zn-Al冷轧合金JMA方程中的n值和k值。可以看出，与在固溶-时效过程中相应的n值和k值相比，合金在冷轧-时效过程中的n值

和 k 值具有相似的变化规律：n 值随着 Al 含量的增加而逐渐降低，且 Al 含量为 2.0% 和 2.4% 时 n 值相差不大，而 k 值随着 Al 含量的增加而逐渐增大。这充分说明，Al 含量对 Cu-Ni-Zn-Al 冷轧合金在 450℃ 等温时效过程中的时效析出行为的影响规律与固溶-时效过程相似。但是，合金在冷轧-时效过程中的 n 值要比固溶-时效过程中的稍大（0.05～0.26），表明合金中析出相的形核率明显增加。这与第 4 章的分析结果相一致：经变形量为 80% 的冷轧后，合金内部引入了大量的位错等缺陷，增大了析出相粒子的形核位置，使得 Cu-Ni-Zn-Al 合金在时效过程中溶质原子脱溶析出，同时在位错、晶内和晶界形核析出；另外，在 450℃ 等温时效过程中，Al 含量为 1.2% 的 S1 冷轧合金时效析出产物为 γ' 相，当 Al 含量逐渐增大时，合金时效产物逐渐出现 β 相，且其体积分数随着 Al 含量的增加而明显增大，这在相应合金的 Avrami 指数 n 的值中得到很好的反映。

⊡ 表 5-2 不同 Al 含量 Cu-Ni-Zn-Al 冷轧合金等温时效时 JMA 方程中的 n 值和 k 值

试样编号	参数	
	n	k
S1	0.83	0.114
S2	0.66	0.226
S3	0.54	0.405
S4	0.52	0.376

将表 5-2 中的 n 值和 k 值代入 JMA 方程 [式(5-4)]，得到不同 Al 含量的 Cu-Ni-Zn-Al 冷轧合金在 450℃ 的相变动力学方程：

$$f_{S1} = 1 - \exp(-0.114 \times t^{0.83}) \tag{5-9}$$

$$f_{S2} = 1 - \exp(-0.226 \times t^{0.66}) \tag{5-10}$$

$$f_{S3} = 1 - \exp(-0.405 \times t^{0.54}) \tag{5-11}$$

$$f_{S3} = 1 - \exp(-0.376 \times t^{0.52}) \tag{5-12}$$

式(5-9)～式(5-12) 的相变动力学方程描述了 450℃ 等温时效时 S1～S4 冷轧合金过饱和固溶体分解过程中相转变程度与时效时间的关系。

采用以上各冷轧合金在 450℃ 等温相变动力学方程绘出相应的理论动力学曲线，图 5-4 即为冷轧-时效过程中理论动力学与实验测得的动力学曲线对比图。从图中可以看出，计算动力学曲线与实验曲线基本吻合，表明动力学方程式(5-9)～式(5-12) 较好地描述了 Cu-Ni-Zn-Al 合金在冷轧-时效过程中的相转变动力学。

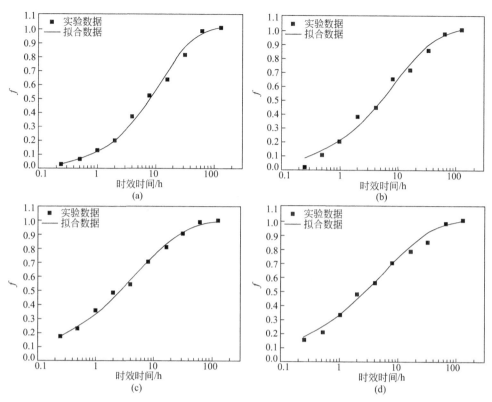

图 5-4 不同 Al 含量 Cu-Ni-Zn-Al 合金 450℃等温相变动力学曲线计算结果与实验结果的对比

(a) S1；(b) S2；(c) S3；(d) S4

第6章
含 Al 镍黄铜合金耐腐蚀性能

6.1 引言

　　铜合金的腐蚀是指铜合金在周围环境介质作用下所发生的物理、化学反应而导致组织、性能等的变质或损坏。铜合金腐蚀可分为化学腐蚀、电化学腐蚀和物理腐蚀。电化学腐蚀是一种最普遍、最常见的腐蚀。铜合金在大气、海水、土壤、酸、碱、盐介质中的腐蚀绝大多数是电化学腐蚀。影响铜合金腐蚀的因素主要有材料因素（包括合金的成分、杂质、第一相及热处理、表面状态、变形和应力等）和环境因素（包括腐蚀环境如大气、土壤、海水、工业酸碱盐、有机溶剂等及介质的 pH 值、介质的成分和浓度、介质的温度和压力、介质流动速率、电偶、环境的细节和可变化等）。

　　铜合金因具有优良的物理性能、耐腐蚀性能、力学性能等优势而广泛应用于各种导热、导电的腐蚀环境中。其中，耐腐蚀性能是铜合金一个非常重要的性能参数。国内外对铜及其合金的腐蚀性能做了大量的研究[235-237]，而 Cu-Ni-Zn-Al 四元铜合金的耐腐蚀性能还少有文献报道。第4章和第5章分析了 Cu-Ni-Zn-Al 合金力学性能和物理性能的变化规律，表明合金元素 Al 的添加以及 Al 含量的增加显著提高了合金的力学性能和电导率。

　　本章通过电化学腐蚀试验，采用交流阻抗（EIS）、X 射线衍射（XRD）技术和扫描电子显微（SEM）分析等材料物理和化学研究方法，对 Cu-Ni-Zn-Al 合金耐腐蚀性能及耐腐蚀机理进行分析，为其工程应用提供必需的参考。

6.2 Cu-Ni-Zn-Al 合金在 3.5% NaCl 水溶液中的电化学腐蚀行为

6.2.1 Cu-Ni-Zn-Al 合金的交流阻抗图谱

交流阻抗（EIS）技术是用小幅度正弦交流信号扰动电解池，通过观察体系在稳态时对扰动的跟随情况来研究电极反应过程，同时测量电极的阻抗来判定材料耐腐蚀性能的一种腐蚀电化学研究方法。电化学阻抗谱通常用 Nyquist 图或 Bode 图来表示[238]。交流阻抗技术可以将电化学过程用以电阻和电容等电子元件组成的电路图来模拟和表示，从而得出电化学过程参数，表征电化学系统的物理、化学性能[239-242]。

电容 C_{dl} 和交换电阻 R_{ct} 并联组合后再与溶液电阻 R_s 串联时总的阻抗 Z 可表示为：

$$Z = R_s + \frac{R_{ct}}{1 + (2\pi R_{ct} f C_{dl})^n} \tag{6-1}$$

式中，n 为经验参数，其值在 $0\sim1$ 之间（$0 \leqslant n \leqslant 1$）；$f$ 为频率，Hz。式（6-1）为色散方程式，其发散规律与时间常数的分布有关，而时间常数主要与合金表面多相性、粗糙程度、吸附膜、多孔膜以及表面腐蚀产物层的成分和性能有关[243-246]。因此，n 可以用于表征腐蚀表面的不均匀性。本章中拟合用的等效电路模型（图 6-1）中有两个相关时间常数 $R_s L_i \{Q_1 [R_{ct}(Q_2 R_f)]\}$。其中，$Q$ 代表非理想电容（CPE，等相元件）的可能性，

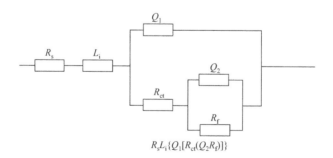

$$R_s L_i \{Q_1 [R_{ct}(Q_2 R_f)]\}$$

图 6-1 Cu-Ni-Zn-Al 合金电化学阻抗谱拟合用的等效电路图

R_s—腐蚀介质电阻；R_{ct}—双电层（EDL）的交换电阻；Q_1—双电层的等相元素（CPE）；

R_f—合金表面形成钝化膜的电阻；Q_2—合金表面形成钝化膜等相元素

与 n 值有关。CPE 为一种特殊的元件，其值是角频率 ω 的函数，而角频率 ω 的相与频率无关，其导纳和阻抗组成可表示为[247]：

$$Y_{CPE} = Y_0(j\omega)^n \tag{6-2}$$

$$Q = Z_{CPE} = 1/[Y_0(j\omega)^n] \tag{6-3}$$

式中，j 为虚数，$j^2 = -1$；ω 为角频率[248]；n 为与 CPE 有关的可调参数，$0 \leqslant n \leqslant 1$。$n = 1$ 时，CPE 代表理想电容，Y_0 与 C 相等；$n = 0$ 时，CPE 代表理想电阻；$n = 0.5$ 时，CPE 为代表扩散的 Warburg 阻抗；$0.5 < n < 1$ 时，CPE 为频率分散时间常数，表明腐蚀表面局部不均匀。通常，CPE 除与电极表面形貌有关外，还与电极表面成分不均匀有一定的关系[249]。

经 925℃×1h 固溶处理、500℃时效 1h 后，Cu-Ni-Zn-Al 合金样品在

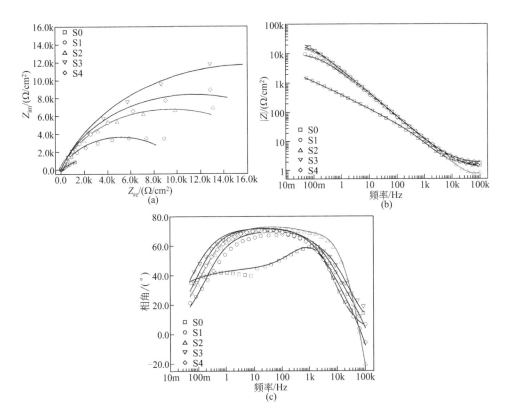

图 6-2　不同 Al 含量 Cu-Ni-Zn-Al 合金在 3.5% NaCl 水溶液中浸泡 0.5h 后的电化学阻抗图谱
(a) Nyquist 图；(b) 总阻抗 Bode 图；(c) 相角 Bode 图

3.5%NaCl 水溶液中浸泡 0.5h 和 120h 后的电化学阻抗谱分别如图 6-2 和图 6-3 所示。用 ZSimpWin 软件拟合出最佳等效电路图如图 6-1 所示[250]。拟合判据为 χ^2 值。拟合后的参数如表 6-1 和表 6-2 所示，χ^2 值均小于 10^{-3}。

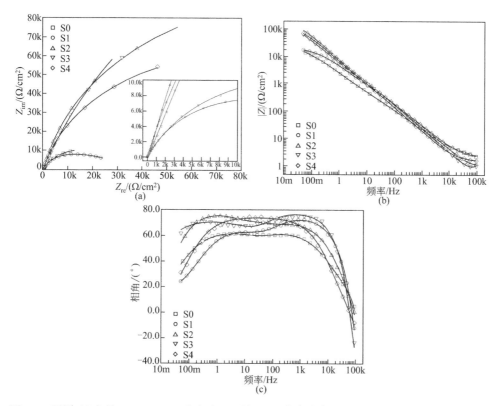

图 6-3　不同 Al 含量 Cu-Ni-Zn-Al 合金在 3.5% NaCl 水溶液中浸泡 120h 后的电化学阻抗图谱

（a）Nyquist 图；（b）总阻抗 Bode 图；（c）相角 Bode 图

▫ 表 6-1　不同 Al 含量 Cu-Ni-Zn-Al 合金在 3.5% NaCl 水溶液中浸泡 0.5h 后的电化学阻抗图谱拟合所得参数

试样编号	R_s /(Ω·cm²)	L_i /(μH·cm²)	Q_1 /[sⁿ/(Ω·cm²)]	n_1	R_{ct} /(Ω·cm²)	Q_2 /[sⁿ/(Ω·cm²)]	n_2	R_f /(kΩ·cm²)
S0	1.64	—	6.24×10⁻⁵	0.86	35.40	9.52×10⁻⁴	0.50	5.73
S1	1.45	0.31	3.26×10⁻⁵	0.87	12.19	6.59×10⁻⁵	0.71	9.71
S2	0.72	0.83	2.81×10⁻⁵	0.90	25.24	5.07×10⁻⁵	0.72	19.10
S3	1.26	0.89	3.84×10⁻⁵	0.85	15.75	4.24×10⁻⁵	0.74	32.87
S4	1.78	0.92	4.99×10⁻⁵	0.82	8.62	2.89×10⁻⁵	0.77	22.87

□ 表 6-2　不同 Al 含量 Cu-Ni-Zn-Al 合金在 3.5% NaCl 水溶液中浸泡 120h 后的电化学阻抗图谱拟合所得参数

试样编号	R_s /$(\Omega \cdot cm^2)$	L_i /$(\mu H \cdot cm^2)$	Q_1 /$[s^n/(\Omega \cdot cm^2)]$	n_1	R_{ct} /$(\Omega \cdot cm^2)$	Q_2 /$[s^n/(\Omega \cdot cm^2)]$	n_2	R_f /$(k\Omega \cdot cm^2)$
S0	2.34	0.95	9.17×10^{-5}	0.70	3357	7.92×10^{-6}	0.89	28.14
S1	1.12	1.44	1.86×10^{-5}	0.85	582	3.42×10^{-5}	0.66	23.53
S2	2.46	1.05	1.85×10^{-5}	0.85	635	6.82×10^{-6}	0.86	263.60
S3	0.91	1.55	1.83×10^{-5}	0.88	1758	1.81×10^{-5}	0.79	283.60
S4	1.73	1.65	1.56×10^{-5}	0.90	7	1.41×10^{-5}	0.75	268.40

图 6-2 为在 3.5%（质量分数）NaCl 水溶液中浸泡 0.5h 时 Cu-Ni-Zn-Al 合金的电化学阻抗图谱。其相角 Bode 图［图 6-2(c)］中高频区相位出现的负值是由设备（特别是电流通过电阻时引起的电容）导致的电感效应产生的[251]。浸泡初期的 Nyquist 图［图 6-2(a)］显示，随着 Al 含量的增加，Cu-Ni-Zn-Al 合金阻抗半圆的直径逐渐增大；当 Al 含量为 2.0% 时，S3 合金阻抗半圆直径最大；当 Al 含量为 2.4% 时，S4 合金的阻抗半圆直径稍有减小。阻抗 Bode 图［图 6-2(b)］中各合金总阻抗亦显示出与 Nyquist 图中类似的规律：总阻抗随着合金中 Al 含量的增加而增大，当 Al 含量高于 2.0% 时又稍有减小。这表明腐蚀初期合金表面双电层（EDL）的交换电阻或氧化膜电阻随着 Al 含量的增加先增加后降低，Al 含量为 2.0% 的 S3 合金电阻最大，其表面形成的钝化膜更具有保护性。

另外，Al 含量对 Cu-Ni-Zn-Al 合金腐蚀初期的相角变化曲线影响较大，如图 6-2(c) 所示。未添加 Al 的 S0 合金相角 Bode 图中频区和低频区呈现出两个相对较为独立的相角极大值；而添加了 Al 的 S1～S4 合金相角 Bode 图表现出彼此类似的相角变化规律：中频区和低频区的两个相角极大值相互交叠。高频区的时间常数与双电层有关，而低频区的时间常数与合金表面形成的钝化膜有关[252-257]。因此，相角极大值的变化反映了 Al 含量对 Cu-Ni-Zn-Al 合金相应的腐蚀弛豫时间常数存在一定的影响。

对在 3.5% NaCl 水溶液中浸泡 0.5h 时 Cu-Ni-Zn-Al 合金电化学阻抗数据进行等效电路拟合，拟合效果如图 6-2 所示，相应的等效电路参数如表 6-1 所示。表 6-1 的数据显示，Cu-Ni-Zn-Al 合金的 n_1 值彼此相差较小，均在 0.82～0.90 之间，表明腐蚀初期合金与腐蚀介质界面双电层基本相同。S0 合金的 n_2 值为 0.50，表现出 Warburg 阻抗性质，表明电极表面的腐蚀过程为扩散控制。Cu-Ni-Zn-Al 合金 n_2 值随着 Al 含量的增大稍有增加，但增幅不大，在 0.71～0.77 之间，表明腐蚀初期合金表面腐蚀产物的均匀性随着 Al 含量的增加而稍有提高。同时，合金表面形成的钝化膜电阻 R_f 的值随着 Al 含量的增加而逐渐增大，且 Al 含量为 2.0% 时达到最大，表明 Al 含量的增加有利于 Cu-Ni-Zn-Al 合金表面钝化膜的形成。当 Al 含量为 2.4% 时，R_f 稍有降低，说明 S4 合金中 Al 含量过高，由于 Al 原子在固溶过程中并未完全固溶而在晶界形成较为粗大的第二相，改变了合金腐蚀界面成分的均匀性（表现为 S4 合金的 n_1 值相对较低），不利于合金耐腐蚀性能的进一步提高。

图 6-3 为 Cu-Ni-Zn-Al 合金在 3.5% NaCl 水溶液中浸泡 120h 时的电化学阻抗图谱。与浸泡初期相比，Nyquist 图中各合金的阻抗半圆半径均明显加大 [图 6-3(a)]，总阻抗 Bode 图中各合金腐蚀总阻抗亦明显增大 [图 6-3(b)]，同时，中频区及低频区相角也存在不同程度的增大 [图 6-3(c)]。这表明，在 3.5% NaCl 水溶液中浸泡腐蚀 120h 后，Cu-Ni-Zn-Al 合金表面均形成了具有保护性的腐蚀产物膜，使得腐蚀电阻大幅度增大，腐蚀速率明显降低。从图 6-3 可以看出，在浸泡腐蚀 120h 时，Cu-Ni-Zn-Al 合金表现出的电化学行为因 Al 含量的不同而稍有差别。采用等效电路（图 6-1）对浸泡 120h 后 Cu-Ni-Zn-Al 合金的电化学阻抗数据进行拟合，拟合效果如图 6-3 所示，相应的等效电路参数如表 6-2 所示。表 6-2 的数据显示，Cu-Ni-Zn-Al 合金表面腐蚀产物膜电阻 R_f 随着合金中 Al 含量的增加而呈增大趋势，且均远远大于腐蚀初期的电阻值。

为了进一步分析 Al 含量对 Cu-Ni-Zn-Al 合金在 3.5% NaCl 水溶液中浸泡腐蚀时的腐蚀速率及腐蚀产物膜的影响，采用等效电路拟合得到的数据对 Cu-Ni-Zn-Al 合金腐蚀过程中双电层电容 C_1 及腐蚀产物膜电容 C_2 进行计算。电容的计算公式可表示为[258] $C = [R^{1-n} Q]^{1/n}$，计算所得双电层电容 C_1 及腐蚀产物膜电容 C_2 的值如表 6-3 所示。其中，双电层电容 C_1 与腐蚀速率成正比；假设介电常数均相同，腐蚀产物膜电容的倒数（$1/C_2$）与其厚度成正比关系。从表 6-3 可以看出，未添加 Al 的 S0 合金双电层电容 C_1 随着浸泡时间的延长而有所增大，表明 S0 合金在浸泡腐蚀过程中形成的腐蚀产物膜并未起到明显的钝化作用。但是，添加了 Al 的 Cu-Ni-Zn-Al 合金双电层电容 C_1 均相对明显较低，且电容值随着浸泡时间的延长而稍有降低。这充分表明 Cu-Ni-Zn-Al 合金在当前状态下具有相对较低的腐蚀速率，Al 的添加有利于提高合金的耐腐蚀能力。从表 6-3 还可以看出，在腐蚀过程中，未添加 Al 的 S0 合金的 C_2 值随着浸泡时间的延长而大幅度降低，表明 S0 合金表面形成的腐蚀产物膜厚度随着浸泡时间的延长而大大增大。但是，对于添加了 Al 的 Cu-Ni-Zn-Al 合金来说，在浸泡腐蚀初期，C_2 值就比 S0 合金的 C_2 值要小得多，这与腐蚀产物厚度及其组成的不同而导致介电常数不同有关；但是，随着浸泡腐蚀时间的延长，C_2 的值稍有降低，但降低幅度不大，这表明添加了 Al 的 Cu-Ni-Zn-Al 合金在腐蚀过程中表面的腐蚀产物膜的厚度变化不大，其耐腐蚀能力较强。众所周知，合金元素 Al 的平衡电位很低，是金属材料中电位最低者之一。Al 易与空气中的氧起作用而在合金表面形成一层较为致密的非晶态含 Al 氧化产物膜，同合金基体牢固结合，这些含 Al 膜在腐蚀介质中有利于保护合金基体以防腐蚀。所以，Al 含量的适当增加有利于合金耐腐蚀性能的提高，Cu-Ni-Zn-Al 合金在 3.5％NaCl 腐蚀介质中具有良好的抗腐蚀能力。

⊡ 表 6-3　根据 EIS 拟合数据计算得出各合金的双电层电容 C_1 和腐蚀产物膜电容 C_2 的数值

试样编号	$C_1/(\mu F/cm^2)$		$C_2/(\mu F/cm^2)$	
	0.5h	120h	0.5h	120h
S0	23.1	55.30	5193.0	6.58
S1	10.1	8.37	54.9	30.60
S2	12.6	9.21	50.1	7.50
S3	10.4	4.58	47.6	28.00
S4	9.1	5.66	25.5	18.80

6.2.2　Cu-Ni-Zn-Al 合金腐蚀产物组成及形貌分析

为了分析 Cu-Ni-Zn-Al 合金耐腐蚀的机理及其 Al 含量的影响，对 Cu-Ni-Zn-Al 合金经 3.5％NaCl 水溶液中浸泡 120h 后表面腐蚀产物相组成进行 X 射线衍射定性分析，结果如图 6-4 所示。从图中可以看出，经 120h 的浸泡腐蚀后，虽然 Al 含量不同，但 Cu-Ni-Zn-Al 合金表面均生成了相组成基本相同的腐蚀产物膜，其主要相组成均为（Cu，Ni，Zn）$_2$Cl(OH)$_3$，其相结构与（Cu，Zn）$_2$Cl(OH)$_3$（JCPDS 50-1558）及（Cu，Ni）$_2$Cl(OH)$_3$（JCPDS 50-1560）相同。

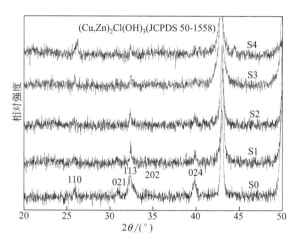

图 6-4　在 3.5％NaCl 水溶液中浸泡 120h 后不同 Al 含量 Cu-Ni-Zn-Al
合金表面腐蚀产物的 XRD 分析图谱

在 3.5％NaCl 水溶液中室温浸泡腐蚀 120h 后，对不同 Al 含量的 Cu-Ni-Zn-Al 合金表面的腐蚀产物层形貌及能谱进行了观察与分析。图 6-5 为未添加 Al 的 S0 合金经 120h 浸泡腐蚀后腐蚀产物层的 SEM 照片及能谱分析结果。从整体来看，S0 合金表面覆盖着较为完整且较厚的腐蚀产物膜 [图 6-5(a)]，腐蚀产物膜分内、外两层 [图 6-5(b)]。能谱分析结果显示 [图 6-5(c) 和 (d)]，内外两层腐蚀产物膜具有相似的成分，主要含有 O 和 Cu 以及少量 Cl、Ni 和 Zn，而且 O 与 Cl 的原子比在 4~6 之间，高于碱式氯化物中相应原子比，表明腐蚀产物中除碱式氯化物外还存在金属氧化物（如 Cu_2O 或 CuO）或氢氧化物。据文献报道[255,259]，铜合金在氯化物腐蚀介质中具有良好的耐腐蚀性能是由于在合金表面形成了双层腐蚀产物膜，外层为 $Cu_2(OH)_3Cl$，内层为 Cu_2O；因 Cu_2O 导电性能差，其对合金耐腐蚀性能起主要作用，而 $Cu_2(OH)_3Cl$ 对合金耐腐蚀的作用相对较小。由于 $Cu_2(OH)_3Cl$ 存在一些晶格缺陷，随着腐蚀时间的延长，Ni^{2+} 或 Zn^{2+} 会占据其中的部分 Cu^{2+} 的位置[260]，从而形成（Cu，Zn）$_2$Cl(OH)$_3$、（Cu，Ni）$_2$Cl(OH)$_3$ 或（Cu，Ni，Zn）$_2$Cl(OH)$_3$，这与 XRD 分析结果相一致。

Al 含量为 1.2％的 S1 合金在经 120h 的浸泡腐蚀后的腐蚀形貌与 S0 合金相似，合金表面覆盖着致密的、较为均匀的腐蚀产物膜 [图 6-6(a)]，但腐蚀产物膜的厚度明显要薄，而且膜上出现少量类腐蚀凹坑 [图 6-6(b)

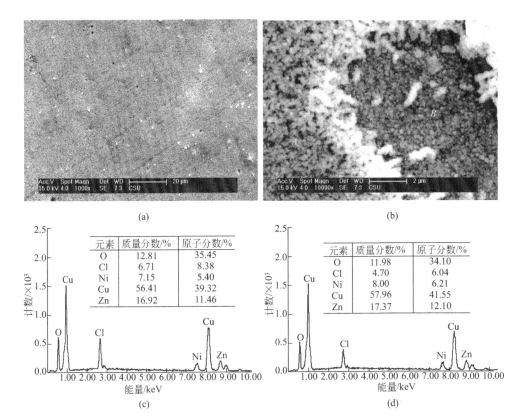

图 6-5　在 3.5％NaCl 水溶液中浸泡 120h 后 S0 合金的 SEM 照片及能谱分析

（a）低倍腐蚀产物膜；（b）分层（A 处为外层，B 处为内层）的腐蚀产物膜；（c）外层腐蚀产物膜

（A 点所示）的 EDAX 图；（d）内层腐蚀产物膜（B 点所示）的 EDAX 图

中 B 处]，凹坑内形成了一层更为致密和光滑的保护膜。对图 6-6（b）中 A 和 B 两处进行能谱分析，结果显示，A 处（外层）腐蚀产物中同时含有 O 和 Cu 以及少量 Al、Cl、Ni 和 Zn[图 6-6（c）]，而 B 处（外层）中无 Cl 存在 [图 6-6（d）]，表明外层成分为碱式氯化物及氧化物或氢氧化物，而内层腐蚀产物主要为金属氧化物或氢氧化物；同时，与 S0 合金表面腐蚀产物成分相比，S1 合金腐蚀产物中的 Ni 和 Cu 的含量相对增加，O 含量均相对减小，而且 Al 原子的相对浓度较 S1 合金基体中的 Al 较高，这说明 S1 合金表面腐蚀产物膜较薄，且有 Al 的氧化物存在。

　　S2 合金经 120h 浸泡腐蚀后，表面腐蚀产物形貌及能谱分析结果如图 6-7 所示。从图 6-7 可以看出，S2 合金表面腐蚀产物存在三种形貌：一种

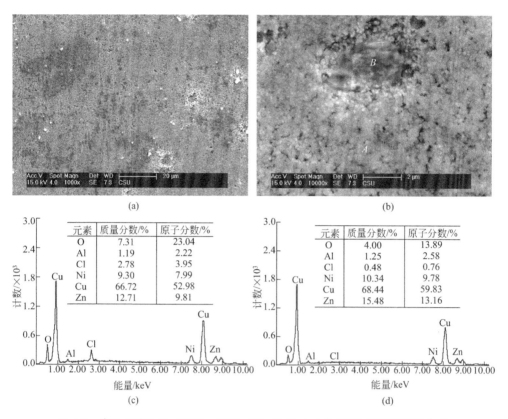

图 6-6　在 3.5％NaCl 水溶液中浸泡 120h 后 S1 合金的 SEM 照片及能谱分析

（a）低倍腐蚀产物膜；（b）分层（A 处为外层，B 处为内层）的腐蚀产物膜；（c）外层腐蚀产物膜
（A 点所示）的 EDAX 图；（d）内层腐蚀产物膜（B 点所示）的 EDAX 图

是尺寸较大、成白色稀散分布在合金表面最外层［图 6-7(c)］，能谱分析
显示其相组成成分与 XRD 分析结果中的碱式氯化物成分相近；另一种为
合金表面外层的灰色腐蚀产物层，其形貌和组成与 S1 合金外层腐蚀产物
相似，由碱式氯化物及氧化物组成，但其密度较低，颗粒彼此黏结不严
密；还有一种是与合金基体紧密黏合的灰黑色腐蚀产物膜，能谱显示其组
成为金属氧化物。

当 Al 含量进一步增加时，经 120h 浸泡腐蚀后的合金表面外层灰色碱
式氯化物膜逐渐变得更加稀疏，且其颗粒尺寸逐渐增大，露出致密的内层
氧化物膜［图 6-8(a) 和（b）］。Al 含量最高（2.4％）的 S4 合金表面稀
散地分布着大颗粒的白色碱式氯化物，而氧化物腐蚀产物膜与基体紧密黏

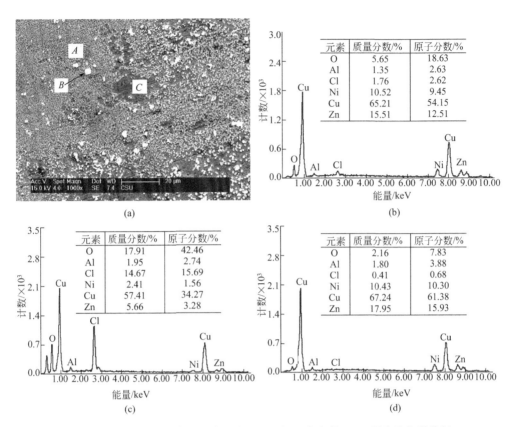

图 6-7　在 3.5％NaCl 水溶液中浸泡 120h 后 S2 合金的 SEM 照片及能谱分析
(a) 低倍腐蚀产物膜；(b) 外层（A 处）腐蚀产物膜的 EDAX 图；(c) 大白色颗粒（B 点箭头所指）
的 EDAX 图；(d) 内层腐蚀产物膜（C 点所示）的 EDAX 图

合。合金表面内层氧化物膜的形貌如图 6-8(c) 所示，内层氧化物呈现出极其细小的针状，其组成为 Cu_2O[261]。

在 3.5％NaCl 溶液中浸泡腐蚀 120h 后，对 Cu-Ni-Zn-Al 合金表面腐蚀产物进行了 XRD、SEM 观察及能谱分析，结果表明，S0 合金表面外层的腐蚀产物主要由碱式氯化物和金属氧化物组成；随着 Al 含量的增加，在相同的腐蚀状态下，合金表面的碱式氯化物腐蚀产物层厚度逐渐变薄，密集性降低，腐蚀产物粒子尺寸逐渐变大，但 Cu-Ni-Zn-Al 合金表面的内层氧化物 Cu_2O 颗粒细小，分布均匀，且相对更为致密，与合金基体黏结紧密，对合金耐蚀性的提高起着主要作用。

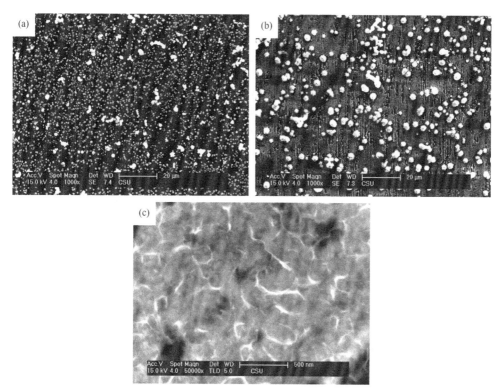

图 6-8　在 3.5%NaCl 水溶液中浸泡 120h 后 S3 合金（a）和 S4 合金（b）的腐蚀产物 SEM 照片，以及高倍下 S4 合金表面的腐蚀产物形貌（c）

6.3　耐腐蚀机理

铜合金在含 Cl^- 腐蚀介质的浸泡过程中，Cu 与 Cl^- 发生反应生成 $CuCl_2^-$ [262-264]：

$$Cu + 2Cl^- \Longleftrightarrow CuCl_2^- + e^-　　　　(6-4)$$

而 $CuCl_2^-$ 发生水解生成 Cu_2O，使得 Cu 不断溶解[265,266]：

$$H_2O + 2CuCl_2^- \Longleftrightarrow Cu_2O + 2H^+ + 4Cl^-　　　　(6-5)$$

形成的 Cu_2O 沉淀在合金表面并形成一层致密的氧化膜。由于 Cu_2O 是 p 型半导体物质，且其结构存在一定的缺陷，形成的 Cu_2O 结构可吸收一些外来的离子，如 Ni^{2+}、Zn^{2+} 和 Cl^- 等[259,267]。而 Cl^- 半径小，穿透力强，易透过 Cu_2O 膜中的缺陷而渗入膜内，使得膜的应力增大。当应力超过膜的强度时，导致膜开裂直至脱落，使得裸露的合金基体成为阳极，其周围大面积钝化膜构成阴极，因阳极小，阴极大，阳极电流密度高，金属溶解速率加快，造成脱锌和脱镍。为了保持电中性，大量 Cl^- 将进入到金属溶解区，与 Zn^{2+}、Ni^{2+} 和 Cu^{2+} 发生反应。根据小孔腐蚀自酸化理论，Zn^{2+}、Ni^{2+} 和 Cu^{2+} 与 Cl^- 和 H_2O 生成某种碱式盐沉淀，即生成了 $(Cu, Ni, Zn)_2Cl(OH)_3$ 等碱式氯化物，并产生大量 H^+；而 H^+ 的大量存在将加速锌的溶解，导致局部强烈地脱锌。

而合金元素 Al 对铜合金的耐蚀性起着重要的作用，既能提高 Cu-Ni-Zn-Al 合金的力学性能，又能改善合金的耐腐蚀性能，这是由于合金中的 Al 离子化倾向比铜、锌、镍等要大，优先与腐蚀介质中的氧结合，在合金表面形成一层坚硬、致密的氧化膜：

$$3H_2O + 2Al \longrightarrow Al_2O_3 + 6H^+ + 6e^- \tag{6-6}$$

这层致密的 Al_2O_3 膜提高合金在腐蚀介质中的耐腐蚀能力，Cu-Ni-Zn-Al 合金与镍铝青铜的耐腐蚀机理相似。镍铝青铜具有良好的耐腐蚀性能就是由于其表面形成了富 Al_2O_3 和富 Cu_2O 的双层保护膜，其中富 Al_2O_3 的氧化物层与合金基体紧密结合，而富 Cu_2O 的氧化物层与富 Al_2O_3 的氧化物层紧紧相连，致密的双层氧化物保护膜既可阻碍阳极反应中离子的传导，又可阻碍氧化产物层表面的阴极反应，从而起到双层保护作用[268-270]。当 Cu-Ni-Zn-Al 合金中 Al 含量在一定范围内（如本书中 Al 的含量范围）逐渐递增时，在相同的腐蚀条件下，合金表面形成的富 Al_2O_3 的氧化物层厚度将逐渐增加，从而使得合金在浸泡腐蚀时阴极及阳极反应得到更有效的抑制，腐蚀反应速率逐渐减小，合金基体得到更有效的保护。由于富 Al_2O_3 的氧化物层厚度的增加抑制了合金阴极及阳极腐蚀反应，合金表面的腐蚀产物 $(Cu, Ni, Zn)_2Cl(OH)_3$ 亦逐渐减少。

同时，从第 4 章中可以得知，经固溶处理后在 500℃时效 1h 时，含 Al 的 Cu-Ni-Zn-Al 合金中析出相粒子尺寸极其细小，且与基体呈共格关系，此状态的析出相粒子本身对合金在腐蚀介质中的影响并不明显；但是，纳米析出相粒子在共格析出过程中会使周边基体产生较为严重的晶格畸变，从而产生微观应力，使得合金对腐蚀变得更为敏感，不利于合金耐腐蚀性能的提高。合金中 Al 含量较低时，析出相粒子析出动力相对较低，析出体积分数亦较小，使基体产生的微观畸变应力亦较小，因而对合金腐蚀敏感性影响不大。当 Al 含量逐渐升高时，析出相粒子析出动力逐渐增大，在相同时间内析出的体积分数逐渐增大，基体内部畸变应力亦逐渐增大，对合金腐蚀敏感性影响亦逐渐增大。Al 含量最高的 S4 合金经固溶处理后在晶界处还存在少量的粗大第二相粒子，第二相与基体成分相差较大，在浸泡腐蚀过程中易于形成腐蚀电偶，不利于合金耐腐蚀性能的提高，这在 EIS 测试结果中得到体现。

总的来说，由于表面生成富 Al_2O_3 和 Cu_2O 的氧化物层，不同 Al 含量 Cu-Ni-Zn-Al 合金在 3.5%NaCl 腐蚀介质中具有良好的耐腐蚀能力，且耐腐蚀性比未添加 Al 的 S0 合金有较为明显的提高；同时，随着 Al 含量的提高，其耐腐蚀能力先上升后稍有降低，Al 含量为 2.0% 的 S3 合金耐腐蚀能力相对更好。

参考文献

[1] 钟卫佳.铜加工技术实用手册.北京：冶金工业出版社，2007：30-212.

[2] 姜训勇，李忆莲，王章.高强度高导电铜合金.上海有色金属，1995，16（5）：284-288.

[3] 赵冬梅，董企铭，刘平，等.铜合金引线框架材料的发展.材料导报，2001，15（5）：18-20.

[4] 刘平.铜合金功能材料.北京：科学出版社，2004：113.

[5] 李周，肖柱，姜雁斌，等.高强导电铜合金的成分设计、相变与制备.中国有色金属学报，2019，29（9）：2009-2049.

[6] 曾汉民.高技术新材料要览.北京：中国科学技术出版社，1993：110.

[7] 闵光辉，宋立，于化顺，等.高强度导电铜基复合材料.功能材料，1997，28（4）：342-345.

[8] Committee A H. Properties and selection：nonferrous alloys and special-purpose materials. //ASM Handbook：vol 2，ASM International，1990：266，343.

[9] 龚寿鹏.铜基弹性合金的开发与应用.有色金属加工，2005，34（2）：33-35.

[10] 回春华，李廷举，金文中，等.锡磷青铜带坯的水平电磁连铸技术研究.稀有金属材料与工程，2008，37（4）：721-724.

[11] 邰振中，何纯玉，王继周，等.铈对锡磷青铜铸造与变形组织的影响.铸造，2001，50（8）：473-476.

[12] 张丽君，钟相文.新型弹性材料 QSn（4-1-0.04）锡铁磷青铜.中国有色金属学报，1998，8（S2）：58-60.

[13] Nagarjuna S，Srinivas M，Sharma K K. The grain size dependence of flow stress in a Cu-26Ni-17Zn alloy. Acta Materialia，2000，48（8）：1807-1813.

[14] Nagarjuna S，Gopalakrishna B，Srinivas M. On the strain hardening exponent of Cu-26Ni-17Zn alloy. Materials Science and Engineering：A，2006，429（1-2）：169-172.

[15] 季灯平，刘雪峰，谢建新，等.Cu-12%Al 铝青铜线材的连续定向凝固制备.金属学报，2006，42（12）：1243-1247.

[16] Standard A，Cu-Be alloys. American society for testing and materials，Philadelphia，1985.

[17] 戴姣燕.高强导电铜合金制备及其相关基础研究.长沙：中南大学，2009.

[18] 曹兴民，向朝建，杨春秀，等.一种新型 Cu-Fe-P 系合金材料的组织性能分析.稀有金属材料与工程，2007，36（A03）：527-529.

[19] 戴姣燕，尹志民，宋练鹏，等.不同处理状态下 Cu-2.5Fe-0.03P 合金的组织与性能演变.中国有色金属学报，2009，19（11）：85-91.

[20] 董琦祎，申镭诺，曹峰，等.Cu-2.1Fe 合金中共格 γ-Fe 粒子的粗化规律与强化效果.金属学报，2014，50（10）：1224-1230.

[21] Li H，Xie S，Wu P，et al. Study on improvement of conductivity of Cu-Cr-Zr alloys. Rare Metals，2007，26（2）：124-130.

[22] Soffa W A，Laughlin D E. High-strength age hardening copper-titanium alloys：redivivus. Progress in Materials Science，2004，49（3-4）：347-366.

[23] 郑史烈，吴年强，曾跃武，等.高弹性导电合金 Cu-Ni-Sn 的研究现状.材料科学与工程，1997，15（3）：61-65.

[24] 夏维国.镍硅锌铜合金的加工硬化及时效硬化特征.华东冶金学院学报，1999，16（1）：28-30.

[25] 潘奇汉.高弹性 Cu-20Ni-20Mn 合金.中国有色金属学报，1996，6（4）：91-95.

[26] 熊惟皓，刘锦文.微合金化等对铜基弹性合金疲劳性能的影响.华中理工大学学报，1998，26（3）：36-38.

[27] Yamada Y，Kuwabara T. Metallic materials for springs. // Materials for Springs. Berlin：Springer，2007：282-291.

[28] Zinkle S J. Evaluation of high strength，high conductivity CuNiBe alloys for fusion energy applica-

tions. Journal of Nuclear Materials，2014，449（1-3）：277-289.

［29］ Xie G L，Wang Q S，Mi X J，et al. The precipitation behavior and strengthening of a Cu-2.0wt％ Be alloy. Materials Science and Engineering：A，2012，558：326-330.

［30］ Rotem A，Shechtman D，Rosen A. Correlation among microstructure，strength，and electrical conductivity of Cu-Ni-Be alloy. Metallurgical Transactions A，1988，19：2279-2285.

［31］ Zhou Y J，Song K X，Xing J D，et al. Precipitation behavior and properties of aged Cu-0.23Be-0.84Co alloy. Journal of Alloys and Compounds，2016，658：920-930.

［32］ 夏承东.引线框架用 Cu-Cr-Zr 系合金的制备及其相和相变规律研究.长沙：中南大学，2012.

［33］ 汪明朴，贾延琳，李周.先进高强导电铜合金.长沙：中南大学出版社，2015：168-172，453-468.

［34］ Guo X，Xiao Z，Qiu W，et al. Microstructure and properties of Cu-Cr-Nb alloy with high strength，high electrical conductivity and good softening resistance performance at elevated temperature. Materials Science and Engineering：A，2019，749：281-290.

［35］ 赵子谦.高强高导 Cu-Cr-Mg-（Si）合金的制备及组织性能研究.长沙：中南大学，2018.

［36］ Zener C. Theory of D₀ for atomic diffusion in metals. Journal of Applied Physics，1951，22（4）：372-375.

［37］ Jiang S，Wang H，Wu Y，et al. Ultrastrong steel via minimal lattice misfit and high-density nanoprecipitation. Nature，2017，544：460-464.

［38］ Zeng H，Sui H，Wu S，et al. Evolution of the microstructure and properties of a Cu-Cr-（Mg）alloy upon thermomechanical treatment. Journal of Alloys and Compounds，2021，857：157582.

［39］ 夏承东，汪明朴，徐根应，等.形变热处理对低浓度 CuCr 合金性能的影响.功能材料，2011，42（5）：872-876.

［40］ Gao N，Tiainen T，Huttunen-Saarivirta E，et al. Influence of thermomechanical processing on the microstructure and properties of a Cu-Cr-P alloy. Journal of Materials Engineering and Performance，2002，11（4）：376-383.

［41］ Mu S G，Guo F A，Tang Y Q，et al. Study on microstructure and properties of aged Cu-Cr-Zr-Mg-RE alloy. Materials Science and Engineering：A，2008，475（1-2）：235-240.

［42］ Liu Y，Li Z，Jiang Y，et al. The microstructure evolution and properties of a Cu-Cr-Ag alloy during thermal-mechanical treatment. Journal of Materials Research，2017，32（7）：1324-1332.

［43］ Zhao Z，Xiao Z，Li Z，et al. Effect of magnesium on microstructure and properties of Cu-Cr alloy. Journal of Alloys and Compounds，2018，752：191-197.

［44］ Li Y，Yang B，Zhang P，et al. Cu-Cr-Mg alloy with both high strength and high electrical conductivity manufactured by powder metallurgy process. Materials Today Communications，2021，27：102266.

［45］ Peng H，Xie W，Chen H，et al. Effect of micro-alloying element Ti on mechanical properties of Cu-Cr alloy. Journal of Alloys and Compounds，2021，852：157004.

［46］ Tang N Y，Taplin D M R，Dunlop G L. Precipitation and aging in high-conductivity Cu-Cr alloys with additions of zirconium and magnesium. Materials Science and Technology，1985，1（4）：270-275.

［47］ Correia J B，Davies H A，Sellars C M. Strengthening in rapidly solidified age hardened Cu-Cr and Cu-Cr-Zr alloys. Acta Materialia，1997，45（1）：177-190.

［48］ 田荣璋，王祝堂.铜合金及其加工手册.长沙：中南大学出版社，2002：312-330.

［49］ 苏娟华.大规模集成电路用高强度高导电引线框架铜合金研究.西安：西北工业大学，2006.

［50］ Cornie J A，Datta A，Soffa W A. An electron microscopy study of precipitation in Cu-Ti sideband alloys. Metallurgical and Materials Transactions B，1973，4（3）：727-733.

［51］ Michels H T，Cadoff I B，Levine E. Precipitation-hardening in Cu-3.6wt PCT Ti. Metallurgical and Materials Transactions B，1972，3（3）：667-674.

［52］ Laughlin D E，Cahn J W. Spinodal decomposition in age hardening copper-titanium alloys. Acta Metallurgica，1975，23（3）：329-339.

[53] Datta A，Soffa W A. The structure and properties of age hardened Cu-Ti alloys. Acta Metallurgica，1976，24 (11)：987-1001.

[54] Nagarjuna S，Balasubramanian K，Sarma D S. Effects of cold work on precipitation hardening of Cu-4. 5 mass％Ti alloy. Materials Transactions，1995，36 (8)：1058-1066.

[55] Nagarjuna S，Balasubramanian K，Sarma D S. Effect of prior cold work on mechanical properties and structure of an age-hardened Cu-1. 5wt％ Ti alloy. Journal of Materials Science，1997，32 (13)：3375-3385.

[56] Nagarjuna S，Balasubramanian K，Sarma D S. Effect of prior cold work on mechanical properties，electrical conductivity and microstructure of aged Cu-Ti alloys. Journal of Materials Science，1999，34 (12)：2929-2942.

[57] Nagarjuna S，Sharma K K，Sudhakar I，et al. Age hardening studies in a Cu-4. 5Ti-0. 5Co alloy. Materials Science and Engineering：A，2001，313 (1-2)：251-260.

[58] Markandeya R，Nagarjuna S，Sarma D S. Effect of prior cold work on age hardening of Cu-3Ti-1Cr alloy. Materials Characterization，2006，57 (4-5)：348-357.

[59] Markandeya R，Nagarjuna S，Sarma D S. Effect of prior cold work on age hardened Cu-4Ti-1Cr alloy. Materials Science and Engineering：A，2005，404 (1-2)：305-313.

[60] Markandeya R，Nagarjuna S，Sarma D S. Characterization of prior cold worked and age hardened Cu-3Ti-1Cd alloy. Materials Characterization，2005，54 (4-5)：360-369.

[61] Markandeya R，Nagarjuna S，Sarma D S. Effect of prior cold work on age hardening of Cu-4Ti-1Cd alloy. Journal of Materials Science，2006，41 (4)：1165-1174.

[62] Committee A H，Properties and selection：nonferrous alloys and pure metals. //ASM Handbook Committee. ASM Handbook，1979：280.

[63] Si L，Zhou L，Zhu X，et al. Microstructure and property of Cu-2. 7Ti-0. 15Mg-0. 1Ce-0. 1Zr alloy treated with a combined aging process. Materials Science and Engineering：A，2016，650：345-353.

[64] 张楠，李振华，姜训勇，等. Ti 含量对 Cu-Ti 合金时效过程的影响. 材料热处理学报，2016，37 (3)：36-40.

[65] Suzuki S，Hirabayashi K，Shibata H，et al. Electrical and thermal conductivities in quenched andaged high-purity Cu-Ti alloys. Scripta Materialia，2003，48 (4)：431-435.

[66] Semboshi S，Al-Kassab T，Gemma R，et al. Microstructural evolution of Cu-1at％ Ti alloy aged in a hydrogen atmosphere and its relation with the electrical conductivity. Ultramicroscopy，2009，109 (5)：593-598.

[67] Nagarjuna S，Srinivas M. Elevated temperature tensile behaviour of a Cu-4. 5Ti alloy. Materials Science and Engineering：A，2005，406 (1-2)：186-194.

[68] Markandeya R，Nagarjuna S，Sarma D S. Effect of prior cold work on age hardening of Cu-4Ti-1Cr alloy. Materials Science and Engineering：A，2005，404 (1-2)：305-313.

[69] Markandeya R，Nagarjuna S，Sarma D S. Precipitation hardening of Cu-Ti-Cr alloys. Materials Science and Engineering：A，2004，371 (1-2)：291-305.

[70] Nagarjuna S，Balasubramanian K，Sarma D S. Effect of Ti additions on the electrical resistivity of copper. Materials Science and Engineering：A，1997，225 (1-2)：118-124.

[71] 崔振山，黄岚，孟祥鹏，等. 超高强铜钛合金的研究现状. 冶金工程，2020，07 (03)：121-129.

[72] Konno T J，Nishio R，Semboshi S，et al. Aging behavior of Cu-Ti-Al alloy observed by transmission electron microscopy. Journal of Materials Science，2008，43 (11)：3761-3768.

[73] Markandeya R，Nagarjuna S，Sarma D S. Precipitation hardening of Cu-Ti-Cr alloys. Materials Science and Engineering：A，2004，371 (1-2)：291-305.

[74] Woychik C G，Massalski T B. Crystal structures competing with glass formation in Cu-Ti and Cu-Ti-Zr alloys. Rapidly Quenched Matals，1985：207-210.

[75] 曹兴民，李华清，向朝建，等.Zr 的加入对 Cu-Ti 合金耐热性能影响的研究.热加工工艺，2008，37 (14)：16-18.

[76] 杨春秀，汤玉琼，郭富安，等.Zr 对 Cu-4Ti-0.05RE 合金组织和性能的影响.稀有金属材料与工程，2010，39：266-270.

[77] Wang X，Chen C，Guo T，et al. Microstructure and properties of ternary Cu-Ti-Sn alloy. Journal of Materials Engineering and Performance，2015，24 (7)：2738-2743.

[78] Lee J，Jung J Y，Lee E S，et al. Microstructure and properties of titanium boride dispersed Cu alloys fabricated by spray forming. Materials Science and Engineering：A，2000，277 (1-2)：274-283.

[79] Semboshi S，Nishida T，Numakura H. Microstructure and mechanical properties of Cu-3at. % Ti alloy aged in a hydrogen atmosphere. Materials Science and Engineering：A，2009，517 (1-2)：105-113.

[80] Pal H，Pradhan S K，De M D M. Microstructure and phase-transformation studies of Cu-Ni-Sn alloys. Japanese Journal of Applied Physics，1995，34 (3)：1619-1626.

[81] Lehtinen P，Tiainen T，Laakso L. New continuously cast CuNiSn alloys provide excellent strength and high electrical conductivity. Metall，1996，50 (4)：267-271.

[82] Cookey R H，Wood J V. Microstructure and mechanical properties of osprey processed Cu-15Ni-8Sn alloy. Powder Metallurgy，1990，33 (4)：335-338.

[83] Deyong L，Tremblay R，Angers R. Microstructural and mechanical properties of rapidly solidified Cu-Ni-Sn alloys. Materials Science and Engineering：A，1990，124 (1-2)：223-231.

[84] Virtanen P，Tiainen T. Stress relaxation behaviour in bending of high strength copper alloys in the Cu-Ni-Sn system. Materials Science and Engineering：A，1997，238 (2)：407-410.

[85] Kim S S，Rhu J C，Jung Y C，et al. Aging characteristics of thermomechanically processed Cu-9Ni-6Sn alloy. Scripta Materialia，1998，40 (1)：1-6.

[86] Ray R K，Narayanan S C. Combined recrystallization and precipitation in a Cu-9Ni-6Sn alloy. Metallurgical and Materials Transactions A，1982，13 (4)：565-573.

[87] Plewes J T. High-strength Cu-Ni-Sn alloys by thermomechanical processing. Metallurgical and Materials Transactions A，1975，6 (3)：537-544.

[88] Zhao J C，Notis M R. Spinodal decomposition，ordering transformation，and discontinuous precipitation in a Cu-15Ni-8Sn alloy. Acta Materialia，1998，46 (12)：4203-4218.

[89] Zhao J C，Notis M R. Microstructure and precipitation kinetics in a Cu-7.5Ni-5Sn alloy. Scripta Materialia，1998，39 (11)：1509-1516.

[90] 王军，殷俊林，严彪.Cu-Ni-Sn 合金的发展和应用.上海有色金属，2004，25 (4)：184-186.

[91] 赵建国，龚学湘，俞玉平，等.Cu-15Ni-8Sn 弹性合金的研究与应用.上海金属（有色分册），1989，10 (3)：15-18.

[92] 洪斌.Cu-9Ni-2.5Sn-1.5Al-0.5Si 合金热处理工艺及性能研究.长沙：中南大学，2002.

[93] 刘东辉，朱洪斌.Cu-Ni-Sn 系弹性材料的研究现状与发展.上海有色金属，2011，32 (2)：84-88.

[94] Virtanen P，Tiainen T. Effect of nickel content on the decomposition behaviour and properties of CuNiSn alloys. Physica Status solidi（A)：Applied research，1997，159 (2)：305-316.

[95] 张显娜.基于团簇模型的 Cu-Ni-Sn 系导电 Cu 合金成分设计与性能研究.大连：大连理工大学，2015.

[96] Jiang Y，Li Z，Xiao Z，et al. Microstructure and properties of a Cu-Ni-Sn alloy treated by two-stage thermomechanical processing. JOM，2019，71 (8)：2734-2741.

[97] Ouyang Y，Gan X P，Zhang S Z，et al. Age-hardening behavior and microstructure of Cu-15Ni-8Sn-0.3Nb alloy prepared by powder metallurgy and hot extrusion. Transactions of Nonferrous Metals Society of China，2017，27 (9)：1947-1955.

[98] Harkness J C，Spiegelberg W D，Cribb W. Beryllium-copper and other beryllium-containing alloys. ASM International，1990：403-427.

[99] Corson M G. Electrical conductor alloys. Electrical World，1927，89：137-139.

[100] 赵冬梅，董企铭，刘平，等. Cu-3.2Ni-0.75Si 合金时效早期相变规律及强化机理. 中国有色金属学报，2002，12（6）：1167-1171.

[101] 曹育文，马莒生，唐祥云，等. Cu-Ni-Si 系引线框架用铜合金成分设计. 中国有色金属学报，1999，9（4）：723-727.

[102] Rdzawski Z，Stobrawa J. Thermomechanical processing of Cu-Ni-Si-Cr-Mg alloy. Materials Science and Technology，1993，9（2）：142-150.

[103] Suzuki S，Shibutani N，Mimura K，et al. Improvement in strength and electrical conductivity of Cu-Ni-Si alloys by aging and cold rolling. Journal of Alloys and Compounds，2006，417（1-2）：116-120.

[104] Watanabe C，Hiraide H，Zhang Z，et al. Microstructure and mechanical properties of Cu-Ni-Si alloys. Journal of the Society of Materials Science，2005，54（7）：717-723.

[105] Srivastava V C，Schneider A，Uhlenwinkel V，et al. Age-hardening characteristics of Cu-2.4Ni-0.6Si alloy produced by the spray forming process. Journal of Materials Processing Technology，2004，147（2）：174-180.

[106] Futatsuka R. Development of copper alloy for leadframe. Journal of the Japan Copper and Brass Research Association，1997，36：25-32.

[107] 罗纳德·N·卡罗恩，约翰·F·布里奥斯. 具有中等电导率和高强度的多用铜合金及其生产方法：86102885.6. 1986-04-26.

[108] Lei Q，Li Z，Xiao T，et al. A new ultrahigh strength Cu-Ni-Si alloy. Intermetallics，2013，42：77-84.

[109] Lei Q，Li Z，Dai C，et al. Effect of aluminum on microstructure and property of Cu-Ni-Si alloys. Materials Science and Engineering：A，2013，572：65-74.

[110] Lei Q，Xiao Z，Hu W，et al. Phase transformation behaviors and properties of a high strength Cu-Ni-Si alloy. Materials Science and Engineering：A，2017，697：37-47.

[111] Liao W，Liu X，Yang Y. Relationship and mechanism between double cold rolling-aging process，microstructure and properties of Cu-Ni-Si alloy prepared by two-phase zone continuous casting. Materials Science and Engineering：A，2020，797：140148.

[112] 廖万能. 引线框架用高性能 Cu-Ni-Si 合金带材短流程制备工艺与组织性能研究. 北京：北京科技大学，2020.

[113] Wei H，Chen Y，Zhao Y，et al. Correlation mechanism of grain orientation/microstructure and mechanical properties of Cu-Ni-Si-Co alloy. Materials Science and Engineering：A，2021，814：141239.

[114] Wang W，Kang H，Chen Z，et al. Effects of Cr and Zr additions on microstructure and properties of Cu-Ni-Si alloys. Materials Science and Engineering：A，2016，673：378-390.

[115] 潘志勇，汪明朴，李周，等. 添加微量元素对 Cu-Ni-Si 合金性能的影响. 材料导报，2007，21（5）：86-89.

[116] 赵祖德，姚良均，郭鸿运，等. 铜及铜合金材料手册. 北京：科学出版社，1993.

[117] 雷静果. 高强度 Cu-Ni-Si-Cr 合金的时效特性. 有色金属，2003，55（4）：17-20.

[118] 汪黎，孙扬善，付小琴，等. Cu-Ni-Si 基引线框架合金的组织和性能. 东南大学学报（自然科学版），2005，35（5）：729-732.

[119] 江炳进. Cu-Ni-Si-Fe 合金组织和性能的研究. 南昌：南昌航空大学，2016.

[120] 郭明星. 纳米弥散强化铜合金短流程制备方法及其相关基础问题研究. 长沙：中南大学，2008.

[121] Guo M X，Wang M P，Cao L F，et al. Work softening characterization of alumina dispersion strengthened copper alloys. Materials Characterization，2007，58（10）：928-935.

[122] Nadkarni A V，Dispersion strengthened copper properties and applications. //Ling E，Taubenblat P W. High conductivity copper and aluminum alloys. The Metallurgical Society of AIME，Warrendale，1984：77-101.

[123] Synk J E，Vendula K. Structure and mechanical behaviour of powder processed dispersion strengthened

copper. Materials Science and Technology，1987，3（1）：72-75.

[124] Lee J，Kim Y C，Lee S，et al. Correlation of the microstucture and mechanical of oxide-dispersion-strengthened coppers fabricated by internal oxidation. Metallurgical and Materials Transactions A，2004，35（2）：493-502.

[125] Guo M，Shen K，Wang M. Relationship between microstructure，properties and reaction conditions for Cu-TiB$_2$ alloys prepared by in situ reaction. Acta Materialia，2009，57（15）：4568-4579.

[126] Guo M X，Wang M P，Shen K，et al. Synthesis of nano TiB$_2$ particles in copper matrix by in situ reaction of double-beam melts. Journal of Alloy and Compounds，2008，460（1-2）：585-589.

[127] Guo M X，Wang M P，Shen K，et al. Tensile fracture behavior characterization of dispersion strengthened copper alloys. Journal of Alloy and Compounds，2009，469（1-2）：488-498.

[128] 李周，肖柱，郭明星，等. 双熔体混合-快速凝固原位生成 TiB$_2$/Cu 复合材料的研究. 材料热处理学报，2006，27（5）：6-9.

[129] 申玉田，崔春翔. 高强度高电导率 Cu-Al$_2$O$_3$ 复合材料的制备. 金属学报，1999，35（8）：888-892.

[130] Tu J P，Wang N Y，Yang Y Z，et al. Preparation and properties of TiB$_2$ nanoparticle reinforced copper matrix composites by in situ processing. Materials Letters，2002，52（6）：448-452.

[131] Lee A，Sanchez-Caldera L，Oktay S，et al. Liquid-metal mixing process tailors MMC microstructures. Advanced Materials and Processes，1992，142：31-34.

[132] Lu T，Chen C，Li P，et al. Enhanced mechanical and electrical properties of in situ synthesized nano-tungsten dispersion-strengthened copper alloy. Materials Science and Engineering：A，2021，799：140161.

[133] Swisher J H，Fuchs E O. Dispersion-strengthening of copper by internal oxidation of two-phase copper-zirconium alloys. Journal Institute of Metals，1970，98：129-133.

[134] Mandal D，Baker I. On the effect of fine second-phase particles on primary recrystallization as a function. Acta Materialia，1997，45（2）：453-461.

[135] Al-Hajri M，Melendez A，Woods R，et al. Influence of heat treatment on tensile response of an oxide dispersion strengthened copper. Journal of Alloy and Compounds，1999，290（1-2）：290-297.

[136] 张吟秋，雷长明. 复杂应力状态下良塑性弥散强化铜的冷变形行为. 中南矿冶学院学报，1985，44（2）：59-65.

[137] 万传琨. 弥散强化铜的组织与性能. 铜加工，1990，37（1）：34-39.

[138] Ghosh G，Miyake J，Fine M E. The systems-based design of high-strength，high-conductivity alloys. Journal of the Minerals. Metals and Materials Society，1997，49（3）：56-60.

[139] 刘志农，莫德锋，胡正飞，等. 高导电高耐磨铜基材料研究进展. 材料导报，2007，21（Z1）：421-423，427.

[140] 张生龙，尹志民，宋练鹏，等. Cu-Zn-Cr 合金的时效特性. 稀土金属材料与工程，2003，32（2）：126-129.

[141] Atsumi H，Imai H，Li S，et al. High-strength，lead-free machinable α-β duplex phase brass Cu-40Zn-Cr-Fe-Sn-Bi alloys. Materials Science and Engineering：A，2011，529：275-281.

[142] Sakamoto M. Development of materials for communication and electronic parts. Homat Ad. corporation，1997：74-75.

[143] Zhang X H，Li X X，Chen H，et al. Investigation on microstructure and properties of Cu-Al$_2$O$_3$ composites fabricated by a novel in-situ reactive synthesis. Materials & Design，2016，92：58-63.

[144] 张雪辉，李晓闲，刘位江，等. 冷加工变形量对 Al$_2$O$_3$-弥散强化铜合金组织与性能的影响. 中国有色金属学报，2018，28（04）：705-711.

[145] 赵郵磊，李周，肖柱. Cu-3.6%Al$_2$O$_3$ 铜合金细丝加工过程中组织结构演变规律. 中国有色金属学报，2017，27（03）：486-495.

[146] Fathy A. Investigation on microstructure and properties of Cu-ZrO$_2$ nanocomposites synthesized by in si-

tu processing. Materials Letters，2018，213：95-99.

[147] Zhuo H，Tang J，Ye N. A novel approach for strengthening Cu-Y$_2$O$_3$ composites by in situ reaction at liquidus temperature. Materials Science and Engineering：A，2013，584：1-6.

[148] 卓海鸥，唐建成，叶楠. Y$_2$O$_3$弥散强化铜基复合材料的强化机制.稀有金属材料与工程，2015，44（05）：1134-1138.

[149] Oh S T，Sando M. Processing and properties of copper dispersed alumina matrix nanocomposites. Nanostructured Materials，1998，12（2）：267-275.

[150] Biselli C，Morris D G，Randall N. Mechanical alloying of high-strength copper alloys containing TiB$_2$ and Al$_2$O$_3$ dispersoid particles. Scripta Metallurgica et Materialia，1994，30（10）：1327-1332.

[151] Shen B L，Itoi T，Yamasakia T，et al. Indentation creep of nanocrystalline Cu-TiC alloys prepared by mechanical alloying. Scripta Materialia，2000，42（9）：893-898.

[152] Palma R H，Sepúlveda A H，Espinoza R A，et al. Performance of Cu-TiC alloy electrodes developed by reaction milling for electrical-resistance welding. Journal of Materials Processing Technology，2005，169（1）：62-66.

[153] Lei R，Wang M，Wang H，et al. New insights on the formation of supersaturated Cu-Nb solid solution prepared by mechanical alloying. Materials Characterization，2016，118：324-331.

[154] Botcharova E，Freudenberger J，Schultz L. Mechanical and electrical properties of mechanically alloyed nanocrystalline Cu-Nb alloys. Acta Materialia，2006，54（12）：3333-3341.

[155] Sun Y F，Fujii H，Nakamura T，et al. Critical strain for mechanical alloying of Cu-Ag，Cu-Ni and Cu-Zr by high-pressure torsion. Scripta Materialia，2011，65（6）：489-492.

[156] Azimi M，Akbari G H. Development of nano-structure Cu-Zr alloys by the mechanical alloying process. Journal of Alloys and Compounds，2011，509（1）：27-32.

[157] Ohsaki S，Kato S，Tsuji N，et al. Bulk mechanical alloying of Cu-Ag and Cu/Zr two-phase microstructures by accumulative roll-bonding process. Acta Materialia，2007，55（8）：2885-2895.

[158] Wang F，Li Y，Wang X，et al. In-situ fabrication and characterization of ultrafine structured Cu-TiC composites with high strength and high conductivity by mechanical milling. Journal of Alloys and Compounds，2016，657：122-132.

[159] Kim J H，Yun J H，Park Y H，et al. Manufacturing of Cu-TiB$_2$ composites by turbulent in situ mixing process. Materials Science and Engineering：A，2007，A449-A451：1018-1021.

[160] Spitzig W A，Pelton A R，Laabs F C. Characterization of the strength and microstructure of heavily cold worked Cu-Nb composites. Acta Metallurgica，1987，35（10）：2427-2442.

[161] Guo Z，Jie J，Liu J，et al. Effect of cold rolling on aging precipitation behavior and mechanical properties of Cu-15Ni-8Sn alloy. Journal of Alloys and Compounds，2020，848：156275.

[162] Cho Y R，Kim Y H，Lee T D. Precipitation hardening and recrystallization in Cu-4% to 7% Ni-3% Al alloys. Journal of Materials Science，1991，26（11）：2879-2886.

[163] Leo W，Wassermann G. Precipitation and age-hardening behavior of copper-nickel-aluminium alloys. Metall，1967，21（1）：10-14.

[164] Sierpiński Z，Gryziecki J. Phase transformations and strengthening during ageing of CuNi$_{10}$Al$_3$ alloy. Materials Science and Engineering：A，1999，264（1-2）：279-285.

[165] 刘培兴，刘晓瑭，刘华鼐.铜与铜合金加工手册.北京：化学工业出版社，2008.

[166] Reynolds G H，Schelleng R D. Tensile properties of a microduplex 15 pct nickel silver. Metallurgical and Materials Transactions B，1972，3（7）：1837-1841.

[167] Hart R R，Wonsiewicz B C，Chin G Y. High strength copper alloys by thermomechanical treatments. Metallurgical and Materials Transactions B，1970，1（11）：3163-3172.

[168] Nagarjuna S，Gopalakrishna B，Srinivas M. On the strain hardening exponent of Cu-26Ni-17Zn alloy. Materials Science and Engineering：A，2006，429（1-2）：169-172.

[169]　Baker H，Okamoto H. ASM handbook，vol. 3 // Alloy phase diagrams. OH：ASM International，1997：3. 12，13. 13，13. 51.

[170]　Kužel R，He B，Houska C R. Characterization of severe matrix distortions during phase separation from the redistribution of diffracted intensities. Journal of Materials Science，1997，32 （9）：2451-2467.

[171]　Verhecen J D. 物理冶金学基础. 卢光熙，赵子伟，译. 上海：上海科学技术出版社，1980.

[172]　Hillert M. 合金扩散和热力学. 赖和怡，刘国勋，译. 北京：冶金工业出版社，1965.

[173]　王艳辉. Cu-15Ni-8Sn-XSi 合金和 Cu-9Ni-2. 5Sn-1. 5Al-0. 5Si 合金中的相变及其对合金性能的影响. 长沙：中南大学，2004.

[174]　Gorelik S S. Recrystallization in metals and alloys. Moscow：Mir publishers，1981.

[175]　Zhou X Z，Su Y C，Sun J M. Effect of aluminum on precipitation hardening in Cu-Ni-Zn alloys. Journal of Materials Science，2010，45 （11）：3080-3087.

[176]　Rice P M，Stoller R E. Correlation of nanoindentation and conventional mechanical property measurements. MRS Online Proceedings Library，2000，649：711.

[177]　Lubarda V A. On the effective lattice parameter of binary alloys. Mechanics of Materials，2003，35 （1-2）：53-68.

[178]　Mishima Y，Ochiai S，Suzuki T. Lattice parameters of Ni(γ)，Ni_3Al(γ') and Ni_3Ga(γ') solid solutions with additions of transition and B-subgroup elements. Acta Metallurgica，1985，33 （6）：1161-1169.

[179]　Ruban A V，Skriver H L. Calculated site substitution in γ'-Ni_3Al. Solid State Communications，1996，99 （11）：813-817.

[180]　Raju S，Mohandas E，Raghunathan V S. A study of ternary element site substitution in Ni_3Al using pseudopotential orbital radii based structure maps. Scripta Materialia，1996，34 （11）：1785-1790.

[181]　Shen J，Wang Y，Chen N，et al. Site preference of ternary additions in Ni_3Al. Progress in Natural Science，2000，10 （6）：457-464.

[182]　陈海林. Al-Cr-Si、Al-Cr-Ti、Al-Cu-Fe、Al-Cu-Ni 和 Nb-Ni 体系的晶体结构与相图测定及热力学模拟. 长沙：中南大学，2008.

[183]　Díaz N E V，Hosmani S S，Mittemeijer E J. Nitride precipitation and coarsening in Fe-2. 23 at. ％ V alloys：XRD and （HR） TEM study of coherent and incoherent diffraction effects caused by misfitting nitride precipitates in a ferrite matrix. Acta Materialia，2008，56 （16）：4137-4149.

[184]　Novelo-Peralta O，González G，Lara-Rodríguez G A. Characterization of precipitation in Al-Mg-Cu alloys by X-ray diffraction peak broadening analysis. Materials Characterization，2008，59 （6）：773-780.

[185]　Houska C R. X-ray scattering from systems in early stages of precipitation. Acta Crystallographica Section A，1993，49 （5）：771-781.

[186]　Monzen R，Shigehara H，Kita K. Misorientation dependence of discontinuous precipitation in Cu-Be alloy bicrystals. Journal of Materials Science，2000，35 （23）：5839-5843.

[187]　Tsuda H，Ito T，Nakayama Y. Precipitation hardening of Cu-5 at％Ni-2. 5 at％Al Alloys. The Journal of the Japan Institute of Metals，1980，44 （4）：431-435.

[188]　朱和国，王恒志. 材料科学研究与测试方法. 南京：东南大学出版社，2008.

[189]　Haasen P. 材料的相变. 刘治国，译. 北京：科学出版社，1998.

[190]　戚正风. 固态金属中的扩散与相变. 北京：机械工业出版社，1997.

[191]　李松瑞，周善初. 金属热处理. 长沙：中南大学出版社，2003.

[192]　Fickett F R. A review of resistive mechanisms in aluminum. Cryogenics，1971，11 （5）：349-367.

[193]　Raeisinia B，Poole W J. Electrical resistivity measurements：a sensitive tool for studying aluminum alloys. Materials Science Forum，2006，519-521：1391-1396.

[194] Guo F A，Xiang C J，Tang Y Q. Study of rare earth elements on the physical and mechanical properties of a Cu-Fe-P-Cr alloy. Materials Science and Engineering B，2008，147 (1)：1-6.

[195] 田莳，李秀臣. 金属物理性能. 北京：航空工业出版社，1994.

[196] Takata N，Ohtake Y，Tsuji N. Increasing the ductility of ultrafine-grained copper alloy by introducing fine precipitates. Scripta Materialia，2009，60 (7)：590-593.

[197] Choi J H，Lee D N. Aging characteristics and precipitate analysis of Cu-Ni-Mn-P alloy. Materials Science and Engineering A，2007，458 (1-2)：295-302.

[198] Lu D P，Wang J，Zeng W J，et al. Study on high-strength and high-conductivity Cu-Fe-P alloys. Materials Science and Engineering A，2006，421 (1-2)：254-259.

[199] Huang F，Ma J，Ning H，et al. Precipitation in Cu-Ni-Si-Zn alloy for lead frame. Materials Letters，2003，57 (17-18)：2135-2139.

[200] Gao N，Huttunen-Saarivirta E，Tiainen T，et al. Influence of prior deformation on the age hardening of a phosphorus-containing Cu-0.61wt. % Cr alloy. Materials Science and Engineering：A，2003，342 (1-2)：270-278.

[201] He W X，Yu Y，Wang E D，et al. Microstructures and properties of cold drawn and annealed submicron crystalline Cu-5% Cr alloy. Transactions of Nonferrous Metals Society of China，2009，19 (1)：93-98.

[202] 林高用，张振峰，周佳，等. C194铜合金引线框架材料的形变热处理. 金属热处理，2005，30 (12)：16-19.

[203] 程建奕，汪明朴，李周，等. Cu-1.5Ni-0.27Si 合金形变热处理. 中国有色金属学报，2003，13 (5)：1061-1066.

[204] 潘志勇，汪明朴，李周，等. 超高强度 Cu-5.2Ni-1.2Si 合金的形变热处理. 中国有色金属学报，2007，17 (11)：1821-1826.

[205] Liao W，Liu X，Yang Y，et al. Effect of cold rolling reduction rate on mechanical properties and electrical conductivity of Cu-Ni-Si alloy prepared by temperature controlled mold continuous casting. Materials Science and Engineering：A，2019，763：138068.

[206] Guo F A，Xiang C J，Yang C X，et al. Study of rare earth elements on the physical and mechanical properties of a Cu-Fe-P-Cr alloy. Materials Science and Engineering：B，2008，147 (1)：1-6.

[207] Zhou X Z，Su Y C. A novel Cu-Ni-Zn-Al alloy with high strength through precipitation hardening. Materials Science and Engineering：A，2010，527 (20)：5153-5156.

[208] Yu Q X，Li X N，Wei K R，et al. Cu-Ni-Sn-Si alloys designed by cluster-plus-glue-atom model. Materials & Design，2019，167：107641.

[209] 李树棠. 晶体 X 射线衍射学基础. 北京：冶金工业出版社，1999.

[210] Ungár T，Borbély A. The effect of dislocation contrast on X-ray line broadening：a new approach to line profile analysis. Applied Physics Letter，1996，69 (21)：3173-3175.

[211] Stráská J，Janeček M，Gubicza J，et al. Evolution of microstructure and hardness in AZ31 alloy processed by high pressure torsion. Materials Science and Engineering：A，2015，625：98-106.

[212] Meyers M A，Chawla K K. Mechanical behavior of materials. New York：Cambridge University Press，2009.

[213] Besterci M，Ivan J. The mechanism of the failure of the dispersion-strengthed Cu-Al_2O_3 system. Journal of Materials Science Letters，1998，17 (9)：773-776.

[214] 肖纪美. 合金相与相变. 2 版. 北京：冶金工业出版社，2004.

[215] 肖纪美. 合金相与相变. 北京：冶金工业出版社，1987.

[216] 李松瑞，周善初. 金属热处理. 长沙：中南大学出版社，2003：36，74-76，226.

[217] 胡庚祥，蔡珣. 材料科学基础. 上海：上海交通大学出版社，2000.

[218] 李国俊，姚家鑫，曹阳. QBe_2 铜合金再结晶与时效析出交互作用机制的研究. 金属热处理学报，1996，

17 (4): 31-35.

[219] Dutta B, Palmiere E J, Sellars C M. Modelling the kinetics of strain induced precipitation in Nb micro-alloyed steels. Acta Materialia, 2001, 49 (5): 785-794.

[220] 冯春, 刘志义, 宁爱林, 等. RRA 处理对超高强铝合金抗应力腐蚀性能的影响. 中南大学学报 (自然科学版), 2006, 37 (6): 1054-1059.

[221] 韩小磊, 熊柏青, 张永安, 等. 欠时效态 7150 合金的高温回归时效行为. 中国有色金属学报, 2011, 21 (1): 80-87.

[222] Pan H, Pan F, Peng J, et al. High-conductivity binary Mg-Zn sheet processed by cold rolling and subsequent aging. Journal of Alloys and Compounds, 2013, 578: 493-500.

[223] Mittemeijer E J, Wierszyllowski I A. The isothermal and nonisothermal kinetics of tempering iron-carbon and iron-nitrogen martensites and austenites. International Journal of Materials Research, 1991, 82 (6): 421-429.

[224] Starink M J. On the applicability of isoconversion methods for obtaining the activation energy of reactions within a temperature-dependent equilibrium state. Journal of Materials Science, 1997, 32 (24): 6505-6512.

[225] Morales E V, Alvarez N J G, Leiva J V, et al. Kinetic theory of the overlapping phase transformations: case of the dilatometric method. Acta Materialia, 2004, 52 (4): 1083-1088.

[226] Malinov S, Sha W, Markovsky P. Experimental study and computer modeling of the $\beta \rightarrow \alpha + \beta$ phase transformation in β 21s alloy at isothermal conditions. Journal of Alloy and Compounds, 2003, 348 (1-2): 110-118.

[227] Appolaire B, Hericher L, Aeby-Gautier E. Modeling of phase transformation kinetic in Ti alloys-isothermal treatments. Acta Materialia, 2005, 53 (10): 3001-3011.

[228] Adorno A T, Silva R A G. Isothermal decomposition kinetics in the Cu-9%Al-4%Ag alloy. Journal of Alloys and Compounds, 2004, 375 (1-2): 128-133.

[229] Tang B, Kou H C, Wang Y H, et al. Kinetics of orthorhombic martensite decomposition in TC21 alloy under isothermal conditions. Journal of Materials Science, 2012, 47 (1): 521-529.

[230] Santos C M A d, Adorno A T, Da-Silva R A G, et al. Martensite decomposition in Cu-Al-Mn-Ag alloys. Journal of Alloys and Compounds, 2014, 615 (S1): S156-S159.

[231] Azzeddine H, Mehdi B, Hennet L, et al. An in situ synchrotron X-ray diffraction study of precipitation kinetics in a severely deformed Cu-Ni-Si alloy. Materials Science and Engineering: A, 2014, 597: 288-294.

[232] Cilense M, Adorno A T, Garlipp W, et al. Precipitation kinetics in the Cu-5%Al alloy with silver additions, studied by electrical resistivity measurements. Journal of Materials Science Letters, 2001, 20 (9): 835-837.

[233] Jiang J, Matsugi K, Sasaki G, et al. Resistivity study of eutectoid decomposition kinetics of α-Fe$_2$Si$_5$ alloy. Materials Transactions, 2005, 46 (3): 720-725.

[234] 肖纪美. 合金相与相变. 2 版. 北京: 冶金工业出版社: 2004: 310~312.

[235] Kear G, Barker B D, Walsh F C. Electrochemical corrosion of unalloyed copper in chloride media—a critical review. Corrosion Science, 2004, 46 (1): 109-135.

[236] Kear G, Barker B D, Stokes K, et al. Electrochemical corrosion behaviour of 90-10 Cu-Ni alloy in chloride-based electrolytes. Journal of Applied Electrochemistry, 2004, 34 (7): 659-669.

[237] Fateh A, Aliofkhazraei M, Rezvanian A R. Review of corrosive environments for copper and its corrosion inhibitors. Arabian Journal of Chemistry, 2020, 13 (1): 481-544.

[238] Tait W S. An introduction to electrochemical corrosion testing for practicing engineers and scientists. USA: University of Wisconsin-Madison: Racine, 1994.

[239] Macdonald J R. Impedance spectroscopy. New York: John Wiley & Sons, 1987.

[240] Ismail K M，El-Moneim A A，Badawy W A. Stability of sputter-deposited amorphous Mn-Ta alloys in chloride-free and chlotide-containing H₂SO4 solutions. Journal of The Electrochemical Society，2001，148 (2)：C81-C87.

[241] Ismail K M，Elsherif R M，Badawy W A. The influence of zinc and lead on brass corrosion in dilute sulfuric acid. Corrosion，2005，61：411-419.

[242] Wen J，Cui H，Wei N，et al. Effect of phase composition and microstructure on the corrosion resistance of Ni-Al intermetallic compounds. Journal of Alloys and Compounds，2017，695：2424-2433.

[243] Popova A，Sokolova E，Raicheva S，et al. AC and DC study of the temperature effect on mild steel corrosion in acid media in the presence of benzimidazole derivatives. Corrosion Science，2003，45 (1)：33-58.

[244] Bohe A E，Vilche J R，Jüttner K，et al. Investigations of the semiconductor properties of anodically formed passivation layers on Zn and of ZnO single crystals in different aqueous electrolytes by EIS. Electrochimica Acta，1989，34 (10)：1443-1448.

[245] Hladky K，Calow L M，Dawson J L. Corrosion rates from impedance measurements：an introduction. British Corrosion Journal，1980，15：20-25.

[246] Hitzig J，Titz J，Jüttner K，et al. Frequency response analysis of the Ag/Ag⁺ system：a partially active electrode approach. Electrochimica Acta，1984，29 (3)：287-296.

[247] Zhang B，Wang J，Yan F. Load-dependent tribocorrosion behaviour of nickel-aluminium bronze in artificial seawater. Corrosion Science，2018，131：252-263.

[248] Tan Y S，Srinivasan M P，Pehkonen S O，et al. Effects of ring substituents on the protective properties of self-assembled benzenethiols on copper. Corrosion Science，2006，48 (4)：840-862.

[249] Macdonald J R. Impedance spectroscopy-emphasizing solid materials and systems. New York：Wiley，1987.

[250] Zhang X，Pehkonen S O，Kocherginsky N，et al. Copper corrosion in mildly alkaline water with the disinfectant monochloramine. Corrosion Science，2002，44 (11)：2507-2528.

[251] Tait W S. An introduction to electrochemical corrosion testing for practicing engineers and scientists. Madison：University of Wisconsin，1994.

[252] North R F，Pryor M J. The influence of corrosion product structure on the corrosion rate of Cu-Ni alloys. Corrosion Science，1970，10 (5)：297-311.

[253] Kato C，Castle J E，Ateya B G，et al. On the mechanism of corrosion of Cu-9. 4 Ni-1. 7 Fe alloy in air saturated aqueous NaCl solution，Ⅱ-composition of the protective surface layer. Journal of The Electrochemical Society，1980，127 (9)：1897-1903.

[254] Wang Y Z，Beccaria A M，Poggi G. The effect of temperature on the corrosion behaviour of a 70/30 Cu-Ni commercial alloy in seawater. Corrosion Science，1994，36 (8)：1277-1288.

[255] Druska P，Strehblow H H，Golledge S. A surface analytical examination of passivation layers on Cu/Ni alloys：Part Ⅰ. alkaline solution. Corrosion Science，1996，38 (6)：835-851.

[256] Popplewell J M，Hart R J，Ford J A. The effect of iron on the corrosion characteristics of 90-10 cupro nickel in quiescent 3. 4% NaCl solution. Corrosion Science，1973，13 (4)：295-309.

[257] Blundy R G，Pryor M J. The potential dependence of reaction product composition on copper-nickel alloys. Corrosion Science，1972，12 (1)：65-75.

[258] Kek-Merl D，Lappalainen J，Tuller H L. Electrical properties of nancrystalline CeO₂ thin film deposited by in situ pulsed laser deposition. Journal of The Electrochemical Society，2006，153 (3)：J15-J20.

[259] Kato C，Ateya B G，Castle J E，et al. On the mechanism of corrosion of Cu-9. 4Ni-1. 7Fe alloy in air saturated aqueous NaCl solution，Ⅰ-kinetic investigations. Journal of The Electrochemical Society，1980，127 (9)：1890-1896.

[260] Zhou X Z，Deng C P，Su Y C. Comparative study on the electrochemical performance of the Cu-30Ni

and Cu-20Zn-10Ni alloys. Journal of Alloy and Compounds，2010，491（1-2）：92-97.

[261] Srivastava A，Balasubramaniam R. Microstructural characterization of copper corrosion in aqueous and soil environments. Materials Characterization，2005，55（2）：127-135.

[262] Bacarella A L，Jr J C G. The anodic dissolution of copper in flowing sodium chloride solutions between 25° and 175°. Journal of The Electrochemical Society，1973，120（4）：459-465.

[263] Wu Z，Cheng Y F，Liu L，et al. Effect of heat treatment on microstructure evolution and erosion-corrosion behavior of a nickel-aluminum bronze alloy in chloride solution. Corrosion Science，2015，98：260-270.

[264] Horton D J，Ha H，Foster L L，et al. Tarnishing and Cu ion release in selected copper-base alloys：implications towards antimicrobial functionality. Electrochimica Acta，2015，169：351-366.

[265] Deslouis C，Tribollet B，Mengoli G，et al. Electrochemical behaviour of copper in neutral aerated chloride solution. Ⅱ. Impedance investigation. Journal of Applied Electrochemistry，1988，18（3）：384-393.

[266] Wharton J A，Stokes K R. The influence of nickel-aluminium bronze microstructure and crevice solution on the initiation of crevice corrosion. Electrochimica Acta，2008，53：2463-2473.

[267] Shih H，Pickering H W. SACV measurement of the polarization resistance and capacitance of copper alloys in 3. 4 weight percent sodium chloride solution. Journal of The Electrochemical Society，1987，134（8）：1949-1957.

[268] Schüssler A，Exner H E. The corrosion of nickel-aluminium bronzes in seawater- Ⅰ. protective layer formation and the passivation mechanism. Corrosion Science，1993，34（11）：1793-1802.

[269] Wharton J A，Barik R C，Kear G，et al. The corrosion of nickel-aluminium bronze in seawater. Corrosion Science，2005，47（12）：3336-3367.

[270] Song Q N，Zheng Y G，Ni D R，et al. Characterization of the corrosion product films formed on the as-cast and friction-stir processed Ni-Al bronze in a 3. 5wt?‰ NaCl solution. Corrosion，2015，71（5）：606-614.

附录

1 材料的组织观察与分析方法

本书中采用 X 射线衍射分析（XRD）、金相分析（OM）、扫描电镜分析（SEM）和透射电镜分析（TEM）等先进材料物理表征方法，观察 Cu-Ni-Zn-Al 合金的微观结构、组织及相组成。相应的样品制备、处理及相关参数如下。

（1）X 射线衍射分析（XRD）

各种状态合金试样的 X 射线衍射谱的分析均在 Rigaku D-max2500VB 衍射仪（Cu K_{α}）上进行，加速电压 40kV，加速电流为 250mA。为了更好地研究合金在时效过程中组织结构的变化，对时效处理的样品进行精细的 X 射线衍射分析，其测试图谱步进扫描速度为 2°/min，步宽为 0.02°/步。而其他处理的样品进行 X 射线衍射分析时采用较快的步进扫描速度（4°/min），步宽为 0.02°/步。测试用试样均经 600♯ SiC 砂纸轻轻打磨平滑，并用酒精进行表面清洗。

X 射线衍射测得的数据采用 Jade5.0XRD 数据分析软件进行分析。

（2）金相组织观察

在充分考虑试样代表性和组织均匀性的前提下，金相试样为从基材试样上用钢锯切取的小块样品，并对最能反映合金组织变化的纵截面（平行于轧制方向的截面）进行金相组织观察。对金相样品进行镶样后，依次用 320♯、400♯ 和 600♯ 水磨砂纸水冷打磨成平整的表面，然后再依次用 400♯、600♯ 和 800♯ 金相砂纸水冷磨光，使样品表面平整光洁。对磨光后的样品再进行抛光。将预磨后的试样采用 Cr_2O_3 悬浮液及细呢布在抛光机上粗抛去除较粗划痕，然后再用粒度为 0.5μm 的金刚石抛光膏进行精抛，直到试样表面无划痕、污迹和拖尾等，得到光滑镜面。

金相组织的浸蚀采用硝酸高铁酒精溶液（硝酸铁 2g＋酒精 50mL），浸蚀方式为擦拭。最后对经适当浸蚀后的金相样品进行金相组织观察。

高倍（1400 倍）金相组织主要观察大变形后各个状态合金组织的晶粒形貌、大小、变形情况，析出相形貌及分布和变形组织的再结晶等。低倍（≤500 倍）金相组织主要观察大变形前各个状态合金的组织。

（3）扫描电子显微组织观察

利用扫描电镜对合金样品的显微组织、微观成分及拉伸试验断口形貌进行观察和能谱分析（EDAX）。合金扫描电子显微组织观察和能谱分析采用浸蚀后的金相试样，主要观察和分析不同 Al 含量合金时效过程中析出相的分布、形貌及成分。拉伸断口形貌观察及分析则直接采用拉伸断口试样。耐腐蚀试验时，在腐蚀介质中浸泡一定时间后的合金试样用大量蒸馏水进行漂洗，并充分干燥后，采用扫描电子显微镜对腐蚀产物进行形貌观察和能谱分析。

（4）透射电子显微组织观察

对试验合金在时效过程中的析出相结构、形貌、尺寸和位向关系等的观察和分析采用透射电子显微镜。透射电子显微分析样品的制备过程如下。

① 从不同时效状态的合金板材试样上截取面积大于 $1cm^2$ 的样品，用强力胶将样品粘在表面平整的小金属块上，在水磨机上进行预磨减薄，然后再在金相砂纸上进一步细磨，直至减薄到 0.08mm 厚度左右。为了避免试样表面热处理氧化层对样品的不利影响，在一面减少到一半厚度左右时，用丙酮溶解掉黏结剂，再换另外一面进行减薄。

② 将减薄后的样品冲成 $\varPhi3mm$ 的圆片。

③ 对样品进行凹坑，直至坑底处厚度约为 $15\sim20\mu m$。

④ 凹坑后的样品经丙酮清洗、干燥后，采用氩离子进行双面减薄。减薄时，左边离子枪与样品上方成 7°角，而右边离子枪与样品下方成 5°角，离子束电压为 5.0kV。当样品减薄穿小孔后，左右两支离子枪的角度分别调整为 4°和 2°，离子束电压降低到 2.5kV，然后减薄 15min；随后，离子束电压进一步降低到 2.0kV，然后减薄 15min 即可。为了防止试验合金样品在离子减薄过程中过热而使组织发生变化，离子减薄每进行 10min 就要暂停 10min。

2 物理性能测试与分析方法

（1）电导率的测量

将合金板材（100mm×10mm×1.2mm）表面用 600♯金相砂纸稍微打磨，以便除去氧化膜，用双臂电桥法进行电阻测量，设定测量电流为 0.5A。电阻率 ρ 按式（ⅰ）计算：

$$\rho = R_x \frac{S}{L} \qquad (\text{i})$$

式中，L 为样品被测长度，cm；S 为样品横截面积，cm^2；R_x 为测得电阻，Ω。合金电导率 σ 是由测得的电阻率 ρ 数值通过式 $\rho = 1/\sigma$ 计算得出。

本文中电导率均采用国际退火铜标准（IACS）计算和表示。即导体材料的电导率 $\sigma_{20℃}$ 与国际标准退火纯铜电导率 σ_{Cu} 之比的百分数，如式（ii）所示：

$$\%\text{IACS} = \frac{\sigma_{20℃}}{\sigma_{Cu}} \times 100\% = \frac{\rho_{Cu}}{\rho_{20℃}} \times 100\% \qquad (\text{ii})$$

式中，ρ_{Cu} 为退火纯铜（99.95%，质量分数）在 20℃ 时的电阻率（$0.01724\Omega \cdot mm^2 \cdot m^{-1}$）；$\rho_{20℃}$ 为被测试样在 20℃ 的电阻率。

（2）弹性模量的测量

弹性模量是描述铜合金抵抗形变能力的重要物理量，是工程技术中常用的设计参数之一。测定弹性模量的方法有很多，包括静态法、动态法（共振法）、波速测量法以及其他一些测量方法，本书采用动态法（共振法）在动态杨氏模量测定仪（DCY-2 型）上测量金属材料的弹性模量。共振法测定材料弹性模量是基于金属试样的共振频率与其几何形状、尺寸及弹性模量有关。用共振法测量金属的动态弹性模量，是以不同频率的交变应力驱使试样产生振动，当连续改变激发频率，试样振动的振幅发生变化，在某一应变频率激发下会出现最大值。此时激发振动的频率即为共振频率，对于一定大小和形状的试样，共振频率取决于试样的弹性模量。激发振动的方式可以有弯曲振动、扭转振动和纵向振动等。本文采用弯曲振动法测定金属材料的弹性模量（如图 i）。在试样受迫产生共振的情况下，试样两端及 1/2 处振幅最大，在离两端 $0.224L$ 处振幅最小，几乎为 0，称为节点或波节，测量时悬丝悬挂处在样品的振动波节点附近。

截面均匀的棒状试样（200mm×2mm×1mm）在两端自由的条件下做弯曲振动时，其弹性模量与固有频率、试样尺寸、质量有如下关系：

$$E = 0.9464 \frac{mL^3}{bh^3} f^2 \qquad (\text{iii})$$

式中，E 为弹性模量，Pa；L、b、h 分别为试样长度、宽度和高度，mm；f 为试样的固有频率，Hz；m 为试样的质量。测量三次取得固有频

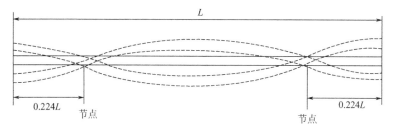

图 i　试样及共振频率振动示意图

率的平均值，然后根据式(ⅲ)计算即可得出试样的弹性模量。

3　力学性能测试方法

（1）维氏硬度测量

硬度是衡量金属材料软硬程度的一项重要的性能指标，它可理解为材料抵抗弹性变形、塑性变形或破坏的能力，也可表述为材料抵抗残余变形和反破坏的能力，它是材料弹性、塑性、强度和韧性等力学性能的综合指标。压入法测量得到的硬度值是材料表面抵抗另一物体局部压入时所引起的塑性变形能力。本书中硬度均采用静压法测得。

对不同处理状态块状合金样品（10mm×10mm×1.2mm）进行硬度测量时，载荷为 2kg，加载时间为 15s。测量后根据式(ⅳ)计算得到硬度值（维氏硬度）：

$$HV = \frac{2p\sin\frac{\alpha}{2}}{d^2} = 1.8544\frac{p}{d^2} \tag{ⅳ}$$

式中，p 为测量时的加载负荷；α 为金刚石角锥相对两面的夹角；d 为压痕两对角线的平均长度。每个状态的样品分别进行 5 次测量，取平均值为最终硬度值。硬度测量用样品均依次经过 400♯、600♯水磨砂纸和 400♯、600♯金相砂纸进行磨平，水洗并擦干。

（2）室温拉伸力学性能测量

室温拉伸力学性能试验的拉伸速率为 2mm/min，每个状态选取 3 个平行试样，其平均值为最终试验值。拉伸试验用样品按 GB/T 228.1—2010《金属材料拉伸试验　第 1 部分：室温试验方法》中规定进行取样，其尺寸如图 ii 所示。

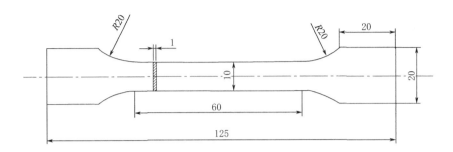

图 ii　室温拉伸力学性能试样形状及尺寸（mm）

4　耐腐蚀性能测试方法

（1）腐蚀用样品的制备

对经 925℃×1h 固溶、500℃时效 1h 后不同 Al 含量 Cu-Ni-Zn-Al 合金进行耐腐蚀性能表征和分析。腐蚀试验用样品为从时效处理状态合金板材上截取的尺寸约为 20mm×12mm×1.2mm 的片状试样，并对片状试样的表面进行磨平、抛光处理。全浸试验用样品即为对表面进行稍微抛光、丙酮去油清洗的样品。电化学腐蚀试验用样品制备过程为：对试样表面进行抛光，然后采用点焊的方式将一根纯铜线焊接在试样上；试样经丙酮进行去油清洗、干燥后，用 AB 胶将试样及铜线涂裹严实，只留出面积为 1cm^2 的表面暴露出来与腐蚀介质接触。

（2）腐蚀体系

腐蚀体系采用传统的三电极体系：饱和甘汞电极（KCl）为参比电极，金属纯铂片为对电极，试验合金样品为工作电极。腐蚀介质为由分析纯级 NaCl 与蒸馏水配制而成的 3.5％（质量分数）的 NaCl 水溶液。腐蚀试验均在室温下进行，腐蚀介质的体积与试验样品裸露面积比大于 50mL/cm^2。

（3）全浸试验

将表面进行稍微抛光后，片状试样用丙酮进行去油处理、干燥，再用尼龙丝拴住，悬吊浸泡在腐蚀介质中；全浸腐蚀 120h 后取出，并用大量蒸馏水多次冲洗，以去除试样表面残余腐蚀介质，并进行干燥。然后对试样表面腐蚀形貌及腐蚀产物进行扫描电子显微分析及 X 射线衍射分析，以研究 Cu-Ni-Zn-Al 合金的耐腐蚀性能。

（4）交流阻抗的测量

为了较好地研究 Cu-Ni-Zn-Al 合金的耐腐蚀性能，对合金在腐蚀介质中浸泡腐蚀 1h 和 120h 后在开路电位的交流阻抗分别进行测量。测量参数为：电位扰动信号为 5mV，信号频率范围为 100kHz～50MHz。